Gesund führen

Bettina Libicky-Mayerhofer

Gesund führen

Angewandte Psychologie für Führungskräfte und BeraterInnen

2. Auflage

Haufe Gruppe
Freiburg · München · Stuttgart

Bibliografische Information der Deutschen Nationalbibliothek
Die Deutsche Nationalbibliothek verzeichnet diese Publikation in der Deutschen Nationalbibliografie; detaillierte bibliografische Daten sind im Internet über http://dnb.dnb.de abrufbar.

Print: ISBN: 978-3-648-11169-7 Bestell-Nr.: 10274-0001
ePub: ISBN: 978-3-648-11170-3 Bestell-Nr.: 10274-0100
ePDF: ISBN: 978-3-648-11171-0 Bestell-Nr.: 10274-0150

Bettina Libicky-Mayerhofer
Gesund führen. Angewandte Psychologie für Führungskräfte und BeraterInnen
2. Auflage 2018

www.haufe.de
info@haufe.de
Produktmanagement: Jürgen Fischer

Lektorat: Mag. Gabriele Fernbach
Grafik und Satz: Yasmin Jeannine Kirchsteiger
Umschlag: RED GmbH, Krailling

DANKE...

... für dieses wertvolle Leben,
meinem Mann Stephan, meinen
Kindern Merlin und Robin,
meinen Eltern und meinem Lehrer
Sylvester Walch.

INHALT

1. EINLEITUNG

Aktuelle Dynamiken unserer Arbeitswelt sind in aller Munde: Der Zeitdruck steigt kontinuierlich, es kommt zu einer zusätzlichen Verdichtung durch zunehmend komplexere und verantwortungsreichere Arbeit, das Arbeitstempo erhöht sich bei geringerer Fehlertoleranz, Globalisierung erfordert hohe Flexibilität, und schnelle Veränderungen führen zu permanenten (Re-)Strukturierungen.

Gleichzeitig altern im demographischen Wandel Belegschaften, wodurch es wiederum zu Generationsthematiken kommt. Krisen im Wirtschaftsleben lassen immer wieder Situationen von Kontrollverlust entstehen.

Nicht zuletzt prägen moderne Informationstechnologien den Arbeitsalltag auf entscheidende Weise, wie Sylvester Walch eindringlich beschreibt: *„Das Internet wirkt dabei multiplikatorisch ... Jeder und jedes kann zu jedem Zeitpunkt an jedem Ort in Sekundenschnelle abgerufen werden. Das birgt die Gefahr in sich, dass ... die Effizienzsteigerung um jeden Preis zur Maxime erhoben wird. ... Wir verlieren uns dabei selbst und hören nicht mehr, was von innen kommt, denn die Stille wird zu Zeitverschwendung. ... Ein Mensch, der dauerhaft sein Inneres vernachlässigt und sein Entfaltungspotenzial zurückstellt, erkrankt durch sich selbst" (Walch, S., 2011, S. 24–25).*

Unternehmen sind im Sinne der Wettbewerbsfähigkeit gefordert, die Gesundheit und Resilienz ihrer MitarbeiterInnen zu fördern und damit langfristig Leistungsfähigkeit und Know-how zu sichern. Führungskräfte sind einer der wichtigsten „Gesundheitsfaktoren" am Arbeitsplatz, wie viele Studien belegen.

Führungskräfte sind einerseits selbst stark gefordert, andererseits haben sie hohen Einfluss auf das Wohlbefinden und die Gesundheit ihrer MitarbeiterInnen. Führungskräften aller Ebenen kommt in der betrieblichen Gesundheitsförderung eine Schlüsselrolle zu.

Die Autorin zeigt mit ihrem Modell des GESUND FÜHRENS, wie ein gesundheitsförderlicher Führungsstil aussehen und wie dieser in Unternehmen umgesetzt werden kann.

Der Aufbau des Buchs soll Führungskräften dazu dienen, sich einfach und konkret Know-how zum Thema GESUND FÜHREN anzueignen. BeraterInnen bietet es einen Leitfaden für die Umsetzung und Implementierung gesundheitsförderlicher Führung in Unternehmen an.

Dementsprechend werden in **Kapitel 2** zunächst grundlegende Zugänge zu Gesundheit, Krankheit und Resilienz erörtert. Dazu werden die Grundlagen betrieblicher Gesundheitsförderungsmaßnahmen und Resilienzentwicklung erklärt. Zusammenhänge zwischen Führung und Gesundheit werden in **Kapitel 3** besprochen.

In **Kapitel 4** wird der theoretische Background des Konzepts GESUND FÜHREN aus der Gestaltpsychologie und der Integrativen Gestalttherapie beschrieben.

Aufbauend auf den **Kapiteln 2 bis 4** widmet sich **Kapitel 5** dem Kernstück des Buchs, dem von der Autorin entwickelten Konzept GESUND FÜHREN.

In **Kapitel 6** schließlich wird die praktische Anwendung des Konzepts im Rahmen der Personalentwicklung anhand einer gesamten Interventionsarchitektur, eines Seminarablaufs mit konkreten Inhalten und methodischer Aufbereitung der Inhalte gezeigt.

In **Kapitel 7** reflektiert die Autorin ihre persönlichen Erfahrungen mit der Anwendung des Konzepts, bevor sie in **Kapitel 8** eine Weiterentwicklung des Konzepts, das Modell HOLOTROP FÜHREN®, vorstellt.

In **Kapitel 9** werden ausführliche Literaturhinweise und im **Kapitel 10** Fragebögen und Leitfäden zur eigenen Verwendung zur Verfügung gestellt.

2. GESUNDHEIT & RESILIENZ

2.1. Ausgewählte Zugänge zu Krankheit und Gesundheit

Der ontologische Krankheitsbegriff (Krankheit als etwas von außen Kommendes befällt den Menschen), der statistische Krankheitsbegriff (Durchschnittswerte bestimmen über Normalität/Gesundheit oder Krankheit) und der funktionale Krankheitsbegriff (nicht funktionierende Teile des Organismus werden als störend empfunden) prägten und prägen auch zum Teil immer noch unsere Haltung zum Krank- und Gesundsein.

Gesundheit wird in der Verfassung der WHO (Weltgesundheitsorganisation, 1946) erstmals als etwas definiert, das über die rein biologischen Faktoren hinausgeht: Gesundheit wird als ein Zustand umfassenden physischen, geistigen und sozialen Wohlbefindens, der sich nicht nur durch die Abwesenheit von Krankheit oder Behinderung auszeichnet, gesehen. Gesundheit wird damit als ein wesentlicher Bestandteil des alltäglichen Lebens verstanden und nicht als vorrangiges Lebensziel.

In der Ottawa-Charta der WHO 1986 wird Gesundheitsförderung bereits als Prozess beschrieben, der dem Menschen ein höheres Maß an Selbstbestimmung über seine Gesundheit ermöglichen soll und ihn damit befähigt, die eigene Gesundheit zu stärken (vgl. Frischenschlager, O., 1996).

Psychische Gesundheit ist ein *„dynamisches Gleichgewicht des Wohlbefindens, in dem der Einzelne seine Fähigkeiten ausschöpfen, die normalen Lebensbelastungen bewältigen, produktiv und fruchtbar arbeiten kann und imstande ist, etwas zur Gemeinschaft beizutragen“ (Definition der WHO 2003, in Kaluza, G., S. 33).*

Menninger (1974, S. 107) betont einen weit gespannten Begriff von *„organismischer Selbstregelung“* im Sinne eines Ausgleichs aller Forderungen, um eine *„physisch-psychisch-soziale Balance in einer wechselnden äußeren und inneren Umgebung herzustellen“.*

Und auch O.Frischenschlager (1996, S. 9) beschreibt: *„Gesundheit ist kein statisches Zustandsbild, keine abgrenzbare Entität, sondern sie kommt vielmehr in der Effizienz ständiger Regulierungsvorgänge unter Einbeziehung von sozialen und Umweltaspekten zum Ausdruck.“*

Der Gestalttherapeut Perls bringt psychische Gesundheit mit dem Selbst als übergeordnetem Fließgewicht (vgl. dazu Hartmann-Kottek, 2004, S. 174) und damit

mit dem Kontaktzyklus im Außen wie mit der organismischen Selbstregulation nach innen in Verbindung: *„Die Beschreibung psychischer Gesundheit und Krankheit ist einfach. Es ist eine Frage der Identifikation und der Entfremdung des Selbst: Wenn sich ein Mensch mit seinem werdenden Selbst identifiziert, seine eigene kreative Erregung nicht hemmt und der sich abzeichnenden Lösung zustrebt; wenn er umgekehrt sich von dem entfremdet, was nicht organisch sein eigen ist und daher nicht von vitalem Interesse für ihn sein kann, sondern das Figur-Grund-Muster stört, dann ist er psychisch gesund … Wenn er sich im Gegensatz dazu selbst entfremdet und aufgrund falscher Identifikationen seine eigene Spontaneität zu erobern sucht, dann gestaltet er sein Leben langweilig, verwirrend und schmerzhaft" (vgl. Perls in: Kepner, J., 1988, S. 39).*

Kepner bestätigt und verstärkt diesen Ansatz: *„In der Gestalttherapie ist die Fähigkeit, Kontakt vorübergehend zu unterbrechen oder ihm zu ‚widerstehen' nützlich und gesund als schöpferische Anpassung an die Wechselfälle des Erlebens und der Umwelt. Schwierigkeiten treten ein, wenn der Zyklus gewohnheitsmäßig in einer Weise unterbrochen wird, die außerhalb unserer Bewusstheit liegt, sodass unsere Bedürfnisse keine Erfüllung finden können. Diese Unvollständigkeit manifestiert sich als organismische Störung und Krankheit" (vgl. Kepner, 1988, S. 143).*

Auch bei Schwarzinger et al. findet sich ein ähnlicher Zugang: Krankheit entsteht demnach durch eine Unterbrechung der organismischen Selbstregulation und bei chronischer Beeinträchtigung der Figur-Hintergrund-Flexibilität: *„Das Vollenden von Kontaktzyklen gehört zur gesunden Fähigkeit des Ich bzw. Selbst. Können nun Bedürfnisse oder Emotionen nicht bewusst erlebt oder adäquat ausgedrückt werden, führt das zur Einschränkung von ‚awareness' und damit verbunden des Kontaktes mit sich selbst und der Umwelt … chronifizierte dysfunktionale Kontaktmuster können damit zu psychischen und psychosomatischen Erkrankungen sowie dissozialem Verhalten führen" (vgl. Schwarzinger, W., Stumm, G., 1994, S. 165).*

Hartmann-Kottek beschreibt Gesundheit und Krankheit wie folgt: *„Ein gesunder Mensch steht in gutem inneren und äußeren Kontakt und hat gleichzeitig die Fähigkeit, sich situations- und entwicklungsadäquat innerlich und äußerlich abzugrenzen … Entsprechend wird Krankheit als ein unfreiwilliger Integrationsmangel im Innen- und/oder Außenfeld gesehen. Sie beruht auf einer Beziehungsstörung der Teile zu ihrem Ganzen, abstrakt formuliert. Der Kontakt ist abgebrochen und verzerrt. (Beispiel: Ein wucherndes Krebsgewebe lässt sich nicht mehr von den Signalen seines Umfelds rücksteuern.)" (vgl. Hartmann-Kottek, L., 2004, S. 190). „Krankheit entsteht"* nach Amendt-Lyon und Hutterer-Krisch *(in: Hochgerner, M.,*

Hoffmann-Widhalm, H., Nausner, L. und Wildberger E., 2004, S. 155) „als dauerhafte Störung des Wachstumsprozesses, wenn Gestaltbildung und -abbau chronisch verhindert oder beeinträchtigt werden. Beispiele solcher Störungen sind Leugnen von Bedürfnissen, Einengung der Erlebens- und Verhaltensmöglichkeiten oder Vermeidung von Auseinandersetzung mit sich selbst und der Umwelt.“

„Aus einer ganzheitlichen Betrachtungsweise wird der Begriff Gesundheit in der Gestalttherapie als die Fähigkeit eines Menschen definiert, seine psychischen, geistigen, physischen und sozialen Bedürfnisse ohne Schaden für sich und seine Umwelt zu befriedigen. Die fruchtbare Interaktion eines Menschen mit seiner Umgebung setzt nach dieser Auffassung den organischen Rhythmus zwischen Kontakt und Rückzug und den frei fließenden Gestaltbildungsprozess voraus“ (Amendt-Lyon et al., in: Hochgerner, M., Hoffmann-Widhalm, H., Nausner, L. und Wildberger E., 2004, S. 121).

Zum Gesundheitsbegriff in der Gestaltdiagnostik betonen Hutterer-Krisch und Amendt-Lyon (in: Hochgerner, M., Hoffmann-Widhalm, H., Nausner, L. und Wildberger E., 2004) die Bedeutung des jeweiligen Organismus-Umweltfeldes eines Menschen für die Definition von Krankheit und Gesundheit. Dies entspricht Heinz von Försters Ansatz, Krankheit und Gesundheit seien keine statistischen Größen sondern müssten jeweils in ihrem spezifischen Bezugssystem beurteilt werden. Je nach Ideologie und Gruppierung sind Begriffe wie „gut und böse“ oder „gesund und krank“ unterschiedlich definiert. Das ermöglicht es Individuen und Gruppierungen Bezugssysteme aufzusuchen, die dem eigenen Menschenbild entsprechen (vgl. Majce-Egger, M. in: Majce-Egger, M., 1999).

Aus all diesen Ausführungen ergibt sich, dass der gestalttherapeutische Zugang zu Gesundheit durch eine grundsätzlich gesundheits- und wachstumszentrierte Sichtweise des Menschen geprägt ist, indem sie auf „personal growth“, auf persönliches Wachstum und Entfaltung der Persönlichkeit abzielt (vgl. Petzold, H. G., 1999).

2.2. Gesundheitsförderung: Prävention & Salutogenese

Wenn man an Gesundheitsförderung denkt, kommt man um den Begriff der Prävention nicht herum.

- Primäre Prävention will Störungen verhindern.
- Sekundäre Prävention zielt darauf ab, Störungen möglichst früh zu erkennen und zu behandeln.

- Tertiäre Prävention will Folgeschäden verringern und Rückfällen vorbeugen.
- Spezifische Prävention bezieht sich auf eng umschriebene Störungen oder Risikogruppen.
- Unspezifische Prävention zielt auf die Verringerung des allgemeinen Krankheitsrisikos.
- Personenorientierte Prävention versucht, einzelne Menschen widerstandsfähiger zu machen.
- Systemorientierte Prävention setzt bei strukturellen Gegebenheiten an.
- Interaktionistische Prävention will einerseits krank machende Faktoren in der Umwelt reduzieren und andererseits das Individuum stärken, mit Stress auslösenden Situationen besser umgehen zu können (vgl. auch Janig, H., et al., 1993).

In ihrer Darstellung der verschiedenen Gesundheitslevel zeigt Susanne Leithoff auch gleichzeitig die unterschiedlichen motivationalen Bedingungen bzw. Bedürfnisse von Menschen in der Gesundheitsförderung auf. Über die primäre, sekundäre und tertiäre Prävention hinaus werden hier Defizit- und Entwicklungsbedürfnisse je nach persönlicher Situation und Befindlichkeit herausgearbeitet.

Anhand dieser Darstellung kann man die Einflussmöglichkeiten und Ansatzpunkte der Gesundheitsförderung je Gesundheitslevel und die sich daraus ergebenden unterschiedlichen Schwerpunkte herauslesen.

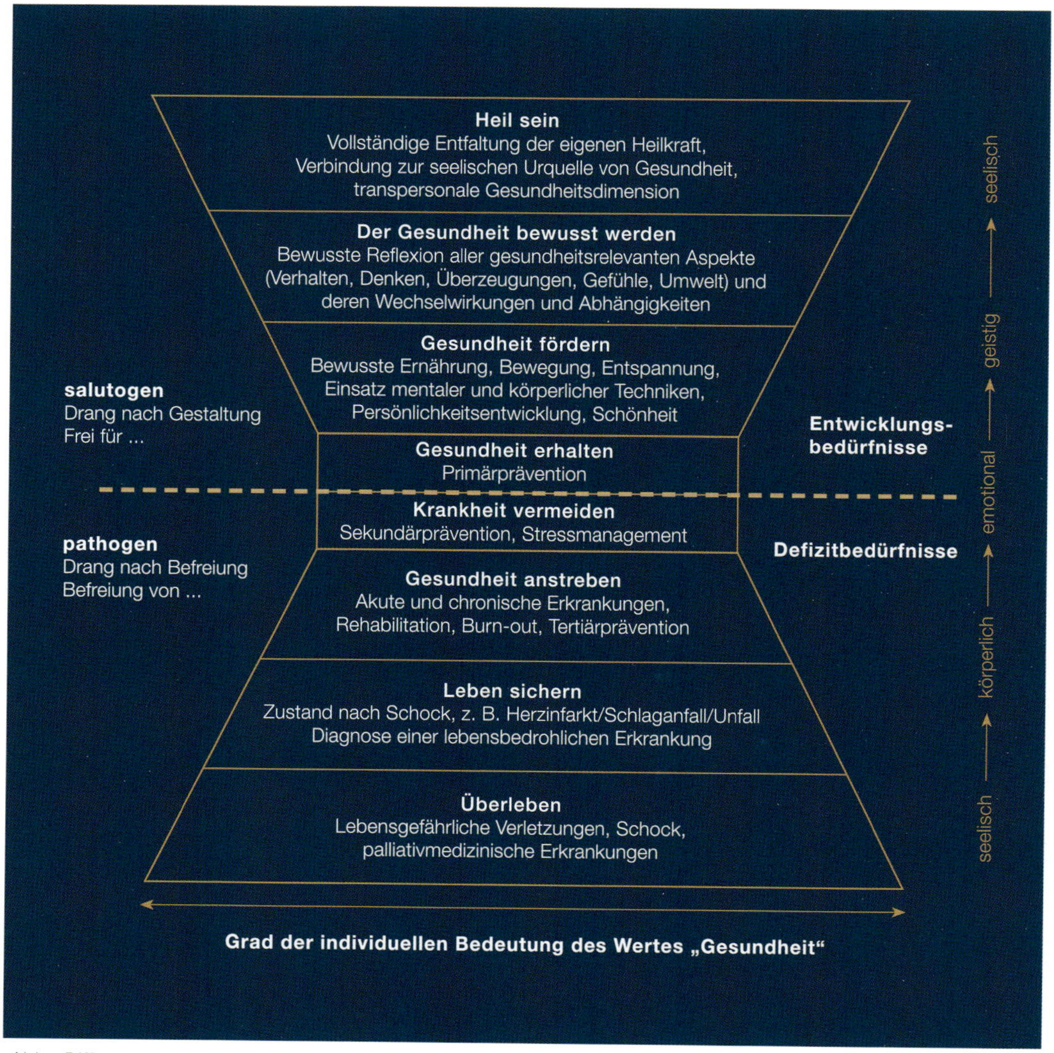

Abb.: Differenzierungsmodell der Gesundheitslevel (Leithoff, S., in: Wellensiek, 2011, S. 328)

Der salutogenetische Ansatz nach Aaron Antonsovsky stellt das Individuum, aber auch seine Ressourcen (soziale Netzwerke und das gesellschaftliche Umfeld) in den Vordergrund. Eine zentrale Frage im salutogenetischen Ansatz von Gesundheit beschäftigt sich mit den Fragen: Wer bleibt angesichts kritischer Lebensereignisse und zahlreicher Stressoren im Alltag gesund, und warum und wie? Antonsovsky geht davon aus, dass ein Kohärenzgefühl die Gesunderhaltung eines Individuums maßgeblich beeinflusst. Unter diesem **Sense of coherence (SOC)** versteht er die globale Orientierung eines Menschen, bei der jemand ein generalisiertes, überdauerndes, jedoch dynamisches Gefühl des Vertrauens in sich trägt. Dieses Vertrauen setzt sich wiederum aus einem Gefühl der Verstehbarkeit, einem Gefühl der Machbarkeit und einem Gefühl der Sinnhaftigkeit zusammen (vgl. Kaluza, G., 2011).

2.3. Resilienz

In der Resilienzforschung verfolgt man einen ähnlichen Ansatz. Was hält Menschen gesund? Was lässt Menschen auch schwierige Probleme und Herausforderungen, ja sogar Krisen erfolgreich bestehen?

Das Wort „Resilienz" kommt aus dem Lateinischen (resilire) und meint „zurückspringen" oder „abprallen". Das Adjektiv „resilient" wird im Englischen als „elastisch" oder „unverwüstlich" gebraucht. Es beschreibt die Fähigkeit eines Werkstoffs, nach einer Verformung durch Druck- oder Zugwirkung wieder in seine alte Form zurückzukehren.

Im Deutschen existiert keine allgemeingültige Definition, das Vokabel wird aber als Synonym für Widerstandsfähigkeit, Belastbarkeit oder Flexibilität benutzt.

Ein resilientes System kann Irritationen oder Störungen ausgleichen und dabei gleichzeitig die eigene Integrität erhalten. Man könnte es mit einem Stehaufmännchen vergleichen, das sich aus jeder beliebigen Situation wieder aufrichtet (vgl. dazu auch Rampe, 2010 und Heller, 2013).

In der Entwicklungspsychologie kam Emmy Werner in einer Längsschnittstudie (es wurden über 40 Jahre lang fast 700 Kinder hinsichtlich ihrer biologischen und psychosozialen Risiko- und Stressfaktoren sowie ihrer Schutzfaktoren und Ressourcen beobachtet und untersucht) zur Erkenntnis, dass das Risiko psychosozialer Störungen beziehungsweise Erkrankungen gemindert wird durch:

- angeborene Fähigkeiten des Individuums,
- Fähigkeiten, die der/die Einzelne in der Interaktion mit seiner/ihrer Umwelt entfaltet,
- umgebungsbezogene Faktoren.

Resilienz ist auch nach Rutter (2000) keine Eigenschaft, die der Mensch rein von Natur aus mitbringt, sondern sehr wohl auch eine Fähigkeit, die im Rahmen der Mensch-Umwelt-Interaktion erworben wird. Karen Reivich und Andrew Shatté postulieren in ihrem Buch „The Resilience Factor" (2003) sieben Faktoren, die Veränderungen besser bewältigbar machen:

- Optimismus
- Akzeptanz
- Lösungsorientierung
- Verlassen der Opferrolle
- Übernahme von Verantwortung
- Netzwerkorientierung
- Zukunftsplanung

In unterschiedlicher Literatur findet man immer wieder diese 7 Faktoren, manchmal, wie z. B. bei Amann (2014), werden diese zu 8 bis 10 Faktoren ausgebaut, immer aber lassen sie sich auf die zugrunde liegenden 7 Schlüsselfaktoren zurückführen.

Resilienz-Gemeinschaften (z. B. Länder, in denen Naturkatastrophen quasi zum Alltag gehören) zeichnen sich durch hohe Eigenverantwortung und Selbstorganisation aus. Informelle und formelle Selbst- und Nachbarschaftshilfe hilft dabei, sich nach existenziellen Verlusten zu reorganisieren und zerstörte Gebiete nicht einfach aufzugeben. Hingegen ist die Selbstorganisationsquote von Gesellschaften, die Risiko in hohem Maße delegieren (z. B. im Rahmen von Versicherungen) vergleichsweise gering.

2.4. Gesundheitsförderung und Resilienzentwicklung in Unternehmen

Wozu Betriebliche Gesundheitsförderung? Gesundheit und die Förderung ebendieser ist doch Privatsache?!

Diese Frage führt, konsequent durchgedacht, zu einem gesellschaftspolitischen Diskurs und zu einer notwendigen Veränderung unserer Gesundheitssysteme. Interessante Ausführungen hierzu finden sich bei Scharmer (2011) und Wellensiek (2011). Fest steht, dass Gesundheit zur Zukunftsressource für Unternehmen wird. Die aktuelle Situation spiegelt einen Umbruch der Bedeutsamkeit dieser Ressource von „nice to have" zum „mission critical" (vgl. Gänsler, S., und Bröske, T., 2010) für Unternehmen wider.

Fest steht auch, dass Organisationen per Gesetz eine „Fürsorgepflicht" für ArbeitnehmerInnen haben, was bedeutet, dass sie Rahmenbedingungen zur Verfügung stellen müssen, innerhalb derer gesund gearbeitet werden kann.

Krankenstände wegen körperlicher Ursachen gehen seit Jahren zurück, Krankenstände aufgrund psychiatrischer Erkrankungen sind im Vormarsch. Die häufigsten Ursachen für Frühpensionierungen waren früher Erkrankungen des Bewegungs- und Stützapparates, heute sind es psychiatrische Erkrankungen, die hier zu Buche schlagen.

Laut seriöser Hochrechnungen wird einer der ersten drei Gründe für Arbeitsunfähigkeit im Jahr 2030 die Depression sein.

„Depression is among the 10 leading causes of disability-adjusted life years (DALY's) lost globally and regionally. It is projected to be among the top three causes of DALY's lost by 2030" (WHO).

„Im Zeitalter der unbegrenzten Möglichkeiten symbolisiert die Depression das Unbeherrschbare. Wir können unsere geistige und körperliche Natur manipulieren, wir können unsere Grenzen mit verschiedenen Mitteln zurückdrängen, aber diese Manipulation befreit uns von nichts" (Ehrenberg, A., 2004).

Betriebliche Gesundheitsförderung muss wohl mehr sein als kurzfristige Fehlzeitenreduktion als Reaktion auf hohe Krankenstände. Fehlzeiten kommen aus unterschiedlichsten Gründen zustande, so waren z. B. die Fehlzeiten in der Zeit der Wirtschaftskrise so niedrig wie schon lange nicht mehr – und wie auch heute nicht mehr. Es drängt sich der Gedanke auf, dass damals viele ArbeitnehmerInnen aus Angst vor Jobverlust trotz Krankheit in die Arbeit gegangen sind. Doch: Präsentismus, das Erscheinen am Arbeitsplatz, obwohl aufgrund von Gesundheitsproblemen oder beruflicher Erschöpfung die Leistung nicht erfüllt werden kann, kostet das Unternehmen zwei- bis dreimal so viel wie eine medizinische Behandlung, die das Unternehmen mittels Versicherungsprämien bezahlt.

„Der Produktivitätsverlust ist an Tagen, an denen ArbeitnehmerInnen krank zur Arbeit kommen signifikant größer (72 %) als an verlorenen Tagen wegen Krankheit (28 %)" (Wendt, N. und Ensle, M., 2009).

Betriebliche Gesundheitsförderung (BGF) ist die Organisation von Gesundheit im betrieblichen Kontext mit dem Ziel, Gesundheit zu fördern und präventiv gesundheitliche Risiken zu reduzieren. Maßnahmen der betrieblichen Gesundheitsförderung sind

- auf Verhältnisse bezogen,
- auf Verhalten bezogen.

Mit „Verhältnissen“ meint man die Bedingungen, unter denen gearbeitet wird wie z. B. ergonomische Arbeitsplätze, Lichtverhältnisse am Arbeitsplatz u.s.w. Mit auf „Verhalten“ bezogene Maßnahmen sind Interventionen gemeint, die auf das individuelle gesundheitsbezogene (Arbeits-)Verhalten von ArbeitnehmerInnen abzielen, z. B. Schulungen für richtiges Heben von schweren Lasten oder Vorträge über Stress und Entspannung.

Eine gute Betriebsküche mit Werbeplakaten für gesunde Ernährung setzt sowohl auf der Verhältnisebene (gesundes Essen in der Kantine) als auch auf der Verhaltensebene (Werbung für bewusste Ernährung) an.

Betriebliche Gesundheitsförderung ist in einer nachhaltigen Unternehmensstrategie verankert und zielt darauf ab, Krankheiten vorzubeugen, Gesundheitspotenziale zu stärken und das Wohlbefinden am Arbeitsplatz zu verbessern. Die drei Säulen der betrieblichen Gesundheitsförderung im engeren Sinn sind Gesundheitsangebote im Unternehmen, Gesundheitsfördernde Arbeitsgestaltung und Gesundheitsfördernde Führung.

Nach Badura (2003) sind Kennzeichen einer gesunden Organisation ein partnerschaftlicher Führungsstil, viele gemeinsame Überzeugungen, Werte und Verhaltensregeln, Vertrauen und gegenseitige Hilfe, Transparenz von Entscheidungen, Partizipationsmöglichkeiten und Handlungsspielräume, ein hoch entwickeltes System der Weiterbildung, gute – auch abteilungsübergreifende – Zusammenarbeit sowie wenig intensive Konflikte zwischen Topmanagement und Belegschaft.

So lassen sich auch die Ursachen von Stress und Burnout in Unternehmen nach Wendt und Ensle (2009) auf vier verschiedenen Ebenen ansiedeln: Durch Führungskräfte bedingte Ursachen, durch KollegInnen bedingte Ursachen, durch schlechte Kommunikation und durch zusätzliche soziale Belastungen des Einzelnen.

Im Haus der Arbeitsfähigkeit von Ilmarinen (vgl. Wendt, N., und Ensle, M., 2009) kann man anhand der unterschiedlichen „Stockwerke“ bzw. Ebenen erkennen, welche Faktoren die Arbeitsfähigkeit von Menschen beeinflussen und mit welchen betrieblichen Maßnahmen man welche dieser Ebenen erreicht.

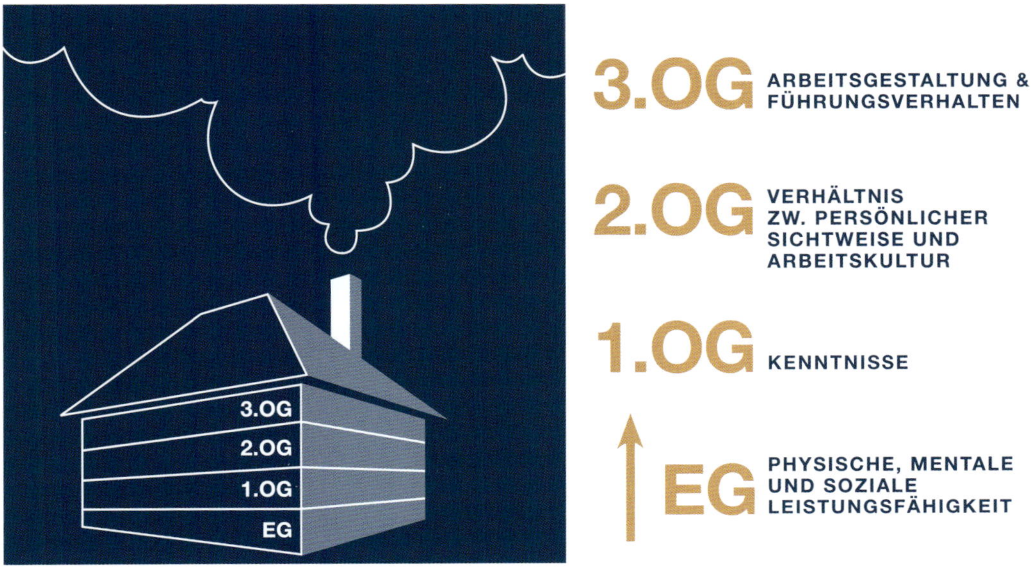

Abb.: Das Haus der Arbeitsfähigkeit, vgl. Wendt et al. (2009)

Das Erdgeschoß des Hauses entspricht dem persönlichen Wohlbefinden und der körperlichen, psychischen und sozialen Gesundheit. Betriebliche Gesundheitsförderung setzt hier mit Gesundheitsforen, Medizinischen Checks, Arbeitsmedizinern und diversen Angeboten (Fitnessstudio, Ergotherapie ... etc.) an.

Der erste Stock stellt all die Kenntnisse dar, die man braucht, um seine Arbeit gut ausführen zu können (z. B. Fachwissen, soziale Kompetenz, Sprachkenntnisse ...). Hier finden sich z. B. alle betrieblichen Maßnahmen zur Aus- und Fortbildung von MitarbeiterInnen.

Im zweiten Stock befinden sich die sozialen und moralischen Werte der MitarbeiterInnen und ihre Einstellungen. Das Verhältnis zwischen den persönlichen Sichtweisen und der betrieblichen Arbeitskultur ist dabei besonders wichtig. Betriebliche Gesundheitsförderung bedeutet hier die Auseinandersetzung mit der Unternehmenskultur, der Vision und dem Leitbild des Unternehmens.

Der dritte Stock umfasst schließlich die explizite Arbeit mit allen Aspekten der Arbeitsgestaltung und allen körperlichen, psychischen und organisatorischen Beanspruchungen. Führungskräfte sind hier Schlüsselpersonen der Gesundheitsförderung, weil sie

- △ hohe Vorbildwirkung haben,
- △ ihre MitarbeiterInnen wahrnehmen und auf Probleme/Schwierigkeiten reagieren können
- △ durch ihre Entscheidung gesundheitsförderliche Maßnahmen erst ermöglichen (z. B. Gesundheitsgespräche, Gesundheitscoaching).

Interventionen greifen vielfach auf mehreren Ebenen bzw. lassen sich nicht eindeutig einem „Stockwerk" zuordnen. So wären z. B. Gesundheitsforen, bei denen Vorträge zu gesunder Ernährung und Entspannung wie auch medizinische Checks stattfinden, auf mehreren Ebene einzuordnen.

Viele Maßnahmen aus betrieblichen Gesundheitsförderungsaspekten, wie z. B. Gesundheitszirkel, konkrete Maßnahmenplanung, Verhaltensoptimierung durch Schulungen, Gefährdungsanalysen und Audits, Mitarbeiterbefragungen, gesundheitsförderliches Führen und Führen von Gesundheitsgesprächen etc., sind geeignet, um Unternehmensresilienz zu fördern (vgl. Charigault, D., 2011).

„Unternehmensresilienz" meint nach Wellensiek (2011) die Widerstandskraft eines Unternehmens, um Lösungen für schwierige, zum Teil kaum greifbare Probleme zu finden. In einer Diplomarbeit zum Thema „Anpassungsfähigkeit landwirtschaftlicher Familienbetriebe im Vollerwerb im Ackerbaubetrieb" (Steininger, 2010) setzte sich der Agrarökonom Steininger mit der aktuellen Situation der Landwirte auseinander, bei der durch einen raschen und dynamischen Wandel herkömmliche Strategien zur Entscheidungsfindung nicht immer zielführend sind (vgl. Knöbl u. a. 1999). Die Resilienz eines Betriebes wird durch die Wechselbeziehung zwischen Betrieb und Betriebsführung sowie zwischen Betrieb und seinem Umfeld gestärkt oder geschwächt. Die Herausforderung für die Betriebsführung liegt darin, die Stärken des Betriebs zu nützen und auf die Anforderungen und Möglichkeiten des Umfelds einzugehen. Für eine adaptive, also anpassungsfähige Betriebsführung, ergeben sich daraus 4 Attribute (s. auch Darnhofer, 2010):

- Lernen, mit Veränderung und Unsicherheit zu leben
- Vielfalt statt oder neben einer einseitigen Spezialisierung
- Weiterentwicklung und Lernbereitschaft
- Selbstorganisation und Verknüpfungen

Interventionen, die die Resilienz von Organisationen stärken, müssen daher einerseits

- die handelnden Einzelpersonen (Geschäftsführer, Führungskräfte und Mitarbeiter) in ihrer speziellen Rolle individuell stärken,
- das Zusammenspiel einzelner Akteure und Teams im Team optimieren,
- auf der strukturellen Ebene in der Organisation Rahmen und Optionen schaffen, die eine umfassende betriebliche Resilienzentwicklung ermöglichen; andererseits müssen sie sich mit Krisenszenarien auseinandersetzen, sodass die Beschäftigung mit Grenzsituationen bereits vor

deren Eintreten passiert. Dieses Entwickeln einer umfassenden Achtsamkeit verhindert in einer Grenzsituation „Simple fight-flight"-Reaktionen und ermöglicht bewusste Entscheidungen und Interventionen auf einer langfristigen Basis.

Wie mit Führungskräften einerseits die persönliche Resilienz und andererseits auch die Teamresilienz reflektiert und gesteigert werden kann, wird in Kapitel 6 näher erörtert. Im Anhang finden sich Kurztests und die Anleitung zur Auswertung dazu.

Relevante Faktoren für die Ausbildung von Resilienz in Unternehmen sind laut Wellensiek (2011, S. 170):

Fachlich:

- *Fachliche Kompetenz in den Schlüsselpositionen, beginnend bei Aufsichtsrat, Geschäftsleitung, Führungskräften, Controlling, Personalabteilung etc.*
- *Vermeidung von klassischen Managementfehlern, gegebenenfalls konsequente Stellenumbesetzung*
- *Finanzierungsstabilität und ein vorzeitiges Krisenwarnsystem*
- *Neutrales, zuverlässiges, „unbestechliches" Controlling*
- *Flexible Marktanpassung mit dem Ohr direkt am Kunden – Produkte müssen den aktuellen Bedürfnissen des Kunden entsprechen*
- *Effiziente Produktionsplanung – möglichst keine Überproduktion*
- *Hohes Dienstleistungsverständnis – schnelle und professionelle Abwicklung der Kundenbedürfnisse*
- *Weitsichtige Investition und Expansion*
- *Markenpflege – ein deutlich herausgearbeitetes Alleinstellungsmerkmal*

(Zwischen-)menschlich:

- *Konsequente Rollenklärung – Hierarchien und Aufgabenfelder sollten exakt eingehalten werden.*
- *Unternehmenswerte dürfen nicht nur als Lippenbekenntnis in der Hochglanzbroschüre abgedruckt oder als schönes Plakat an der Wand hängen – sie müssen tatsächlich gelebt werden und nicht zu leeren Worthülsen verkommen. In diesem Fall ist weniger mehr!*
- *Transparente, intelligente Informationsketten, wertschätzende Kommunikation*
- *Egozentrik, Narzissmus, fehlende Außenorientierung von einzelnen Personen wird nicht akzeptiert.*

- *Kontinuierliche strategische Reflexion und konstruktive Hinterfragung des gewählten Kurses – Querdenker werden eingeladen, mitzudenken.*
- *Hohe Führungskultur*
- *Kultivierte Fehler- und Kritikkultur*
- *Gutes Verhältnis zwischen Betriebsrat/Gewerkschaft undGeschäftsführung, also eine Beziehung auf Augenhöhe, sowie Fairness gegenüber ArbeitnehmerInnen*
- *Dem Mitbewerber nicht hinterherlaufen, sondern eigene Kernkompetenzen kennen und pflegen.*
- *Personalstrategie ist integriert in Unternehmensstrategie, also Kompetenz für den Umgang mit dem Personal zu entwickeln und die richtigen Leute am richtigen Platz einzusetzen.*

Anhand der Kriterien und Ansatzpunkte für Resilienz wird deutlich, dass nachhaltige Gesundheitsförderung im Sinne der Resilienzentwicklung in Organisationen nicht mit einzelnen Maßnahmen erreichbar ist, sondern eine Kulturentwicklung in der Organisation braucht, um nicht sehr rasch an ihre Grenzen zu stoßen.

Wenn z. B. MitarbeiterInnen im Sinne der persönlichen Gesundheitsfürsorge lernen, auf sich selbst zu achten und nicht rund um die Uhr für die Firma da zu sein, dann ist eine Führungskultur im gesamten Unternehmen, die diese Haltung mitträgt, sehr günstig – ansonsten wird diese/r eine MitarbeiterIn zwar gelernt haben, die eigenen Grenzen gut auszuloten und für sich zu sorgen, wird damit aber innerhalb kurzer Zeit an Grenzen stoßen, die ihn/sie massiv belasten können. Denn wenn der eigene Chef sich missbilligend über die persönliche Abgrenzung äußert, bleibt das meist nicht ohne Wirkung.

Kultur kann nicht verordnet, sie muss entwickelt werden. Die Unternehmenskultur zeigt sich durch das gelebte Verhalten der Menschen in der Organisation und hat im Hintergrund Werte, die implizit und explizit wirken. Sollen Werte verändert werden, so braucht das Zeit und Raum für Auseinandersetzung. Denn Normen, die Menschen ein bestimmtes Verhalten vorschreiben, werden umso leichter akzeptiert und weniger als Zwang erlebt, wenn sie verstanden und für vernünftig gehalten werden.
Daher spielt die Art und Weise der Entwicklung von Unternehmensleitbildern oder Führungsgrundsätzen eine große Rolle, nämlich ob diese dann auch in der Kultur des Unternehmens spürbar gelebt werden oder ob sie lediglich als Aushängeschild dienen. So ergibt sich in der Gesundheitsförderung ein prozesshaftes Vorgehen genauso wie in einem anderen Organisationsentwicklungsprozess, wo manche Themen „top-down“ verkündet (z. B. die Entscheidung für einen GESUND FÜHREN Prozess)

und andere Themen „bottom-up" entwickelt (z. B. die Diskussion mit der Geschäftsführung über Führungsgrundsätze, Erreichbarkeit etc.) werden.

Folgende Abbildung soll einen Überblick über den Verlauf eines Organisationsentwicklungsprozesses zur Gesundheitsförderung veranschaulichen:

Abb.: Überblick Organisationsentwicklungsprozess

Ein Steuergremium (z. B. Gesundheitsbeauftragter, Mitarbeiter, Geschäftsführung, Personalentwicklung, Betriebsarzt, Betriebsrat, Führungskräfte) setzt Ziele für das betriebliche Gesundheitsmanagement. Ressourcen und Strukturen werden festgesetzt. Analysemethoden werden vereinbart (Fehlzeitenstatistiken, Arbeitsplatzanalysen, Mitarbeiterbefragung, Interviews, Fragebögen, Gesundheitszirkel ...).

Konzept und Maßnahmen werden entwickelt, durchgeführt und evaluiert. Erfolgreiche Maßnahmen werden weiter in die Organisation eingebettet. Dieser Prozess ist als ein zyklisch wiederkehrender zu verstehen, so werden z. B. nach ersten Evaluationen die Maßnahmen weiter angepasst bzw. die Ziele verändert etc.

Ein derart ganzheitliches Herangehen hat hohe Erfolgschancen; die vielfältige Einbindung von MitarbeiterInnen fördert die Akzeptanz und hat einen hohen Mehrwert für die dabei stattfindende Kulturentwicklung. Gleichzeitig ist ein derartiges Projekt mit einem hohen Aufwand verbunden und die Komplexität der auftretenden Themen will gut gemanagt und koordiniert werden. **Integratives Betriebliches Gesundheitsmanagement** folgt einem salutogenetischen Ansatz der Resilienzentwicklung, entwickelt partizipativ eine „Corporate Health Identity" und erkennt Führungskräfte als Schlüsselpersonen des Betrieblichen Gesundheitsmanagements an (vgl. Wellensiek, S. K., 2011).

Döring beschreibt Selbsthilfe als einen der Basisgedanken prophylaktischer Organisationsentwicklung und geht dabei bereits ansatzweise auf gesundheitsförderliche Aspekte in der Mitarbeiterführung ein: *„Konzepte zur Gestaltung der Prävention sollten alle Menschen und Subsysteme in der Organisation mit einbeziehen. Soziale, menschliche sowie betriebswirtschaftliche, ökonomische Aspekte sind zu integrieren. ... Die natürliche Autorität, die wachsen lässt, unterstützt, fördert, beglückt, soll die auf Machtausübung begründete Autorität ablösen (s. auch Ringel, 1987). ... Die grundsätzlich positive Haltung und Wertschätzung des anderen und der eigenen Person bilden die gesunde Basis. Verbesserung der Handlungsfähigkeit und Kompetenz der Menschen im sozialen wie inhaltlichen Bereich sind grundlegende Zielsetzungen. ‚Vorsorgen statt heilen' steht nicht nur für den sozialen, sondern auch für den ökonomischen Aspekt (im Sinne der Organisationsentwicklung) und bringt ‚Ertrag' auf beiden Seiten" (vgl. Döring, W., in: Hutterer-Krisch et al., 1996, S. 221–222).*

Klarerweise stoßen jedoch auch gesundheitsbewusste Unternehmen an Systemgrenzen, nämlich an gesellschaftliche Grenzen. Wettbewerbsfähigkeit in einer globalisierten Marktwirtschaft ist hier eines der großen Themen. Kurzfristig lässt sich durch Ausbeutung und blindes Funktionieren meist mehr Profit herausschlagen.

Dass dies für den Menschen schädlich ist, beschreibt Fromm schon im Jahre 1958 sehr eindringlich: *„Jeder benützt sich selbst zu Zwecken außerhalb seiner selbst. ... Wir stellen Maschinen her, die sich wie Menschen benehmen, und wir produzieren Menschen, die mehr und mehr wie Maschinen handeln. ... Die Gefahr des 20. Jahrhunderts ist, dass wir zu Robotern oder Automaten werden. ... Aber der Mensch ist kein Ding, und wenn er sich in ein Ding verwandelt, wird er krank, ob er es weiß oder nicht" (Fromm in: Hutterer-Krisch, S. 21).*

Aus der Ausbeutung im Kapitalismus entwickelte sich der *„Konflikt zwischen 2 Wertprinzipien: Zwischen der Welt der Dinge und ihrer Anhäufung und der Welt des Lebens und seiner Produktivität" (vgl. Tawney, R.M., zit. nach Fromm in: Hutterer-Krisch, S. 30).*

Doch mittel- und langfristig zeigt die Auseinandersetzung mit Gesundheitsthemen auch wirtschaftlichen Erfolg. Diesen Erfolg monetär zu messen, ist ein schwieriges Unterfangen. Werte zwischen 1 : 2,05 und 1 : 15,60 werden für den präventionsbedingten Rückgang gesundheitlich bedingter Fehlzeiten genannt.

Chapman ermittelt für 22 von ihm ausgewertete Studien einen nahezu identischen Mittelwert von 1 : 5,81. Dieser Wert entspricht einer Rendite (ROI – return of investment) von 481 %. Derartige Berechnungen und Zahlen sind wissenschaftlich betrachtet allerdings mit Vorsicht zu genießen, es existieren keine einheitlichen Standards und transparente Bewertungsprinzipien für die Auswertung von Kosten und Einsparungen in Gesundheitsförderungsprojekten. Dieter Glöde empfiehlt, in solchen Projekten einerseits für Kostentransparenz zu sorgen und andererseits Kosten-Nutzen-Analysen zu wählen, die auch nicht-monetäre Effekte berücksichtigen (vgl. Glöde, D., in: Bamberg, E., Ducki, A., Metz, A.-M., 2011).

Dementsprechend sind Effekte wie verbesserte MitarbeiterInnenzufriedenheit, MitarbeiterInnenbindung, Corporate Identity u.s.w. weitere positive Auswirkungen von Gesundheitsförderungsmaßnahmen in Unternehmen. Der Wert des „Sich-gesund-Fühlens“ wird immer mehr zum Kriterium bei der Wahl des Arbeitgebers/der Arbeitgeberin. Dies geht auch aus diversen „Great place to work“-Umfragen hervor.

Die lange aufrechterhaltene Trennung zwischen materieller Existenzabsicherung durch die Arbeit und Sinnsuche außerhalb der Arbeit, z. B. in der Familie, in Vereinen oder spirituellen Gemeinschaften, wird in einer Zeit zunehmender Globalisierung, Vernetzung und Flexibilisierung obsolet. So versuchen neueste Entwicklungen eines integrativen Gesundheitsmanagements dem wachsenden Bedürfnis der Menschen nach Sinn und Erfüllung auch am Arbeitsplatz nachzukommen. Damit wird auch die seelische und spirituelle Dimension von Gesundheit vorsichtig thematisiert. An dieser Stelle sei auf eine Anwendung der integralen Theorie von Ken Wilber auf das betriebliche Gesundheitsmanagement verwiesen (vgl. Leithoff, S., in: Wellensiek, K., 2011).

Sylvester Walch führt in einem Interview für die Zeitschrift „Informer“ die Auseinandersetzung in der Organisation damit, *„wie das Unternehmen dem größeren Ganzen dient“* sowie kleinere, praktische Veränderungen wie das Angebot von Yoga, Meditation und die Durchführung von Sinngesprächen in Unternehmen als Möglichkeiten, sich der spirituellen Dimension in Betrieben zu öffnen, an (vgl. Walch, S., in: Informer 2012, S. 15).

3. FÜHRUNG UND GESUNDHEIT

3.1. Führung und Werte in der Führungsarbeit

Führung wird in der Literatur weitgehend als steuerndes und richtungsweisendes Einwirken verstanden. Bei MitarbeiterInnenführung geht es um den Umgang mit Menschen. Menschen sind in ihrem Verhalten oft unberechenbar, und die Wechselwirkungen in Systemen sind äußerst komplex. Führung daher rein mechanistisch zu denken, greift zu kurz.

So auch Neuberger: *„Führung ist ein Phänomen, das nicht ‚da draußen' unabhängig existiert und auf seine endgültige und vollständige Entdeckung wartet, sondern fortwährend, den sich ändernden Umständen folgend, neu geschaffen wird" (2002, S. 6).*

Wenn wir die klassische Führungsliteratur wie zum Beispiel Malik (2000) lesen, so werden wir sehr viel über Führungsinstrumente und -techniken und über die Aufgaben einer Führungskraft lesen. Als Strukturhilfe wird hier oft der Managementregelkreis zitiert. Ziele setzen, entscheiden, kontrollieren, organisieren, motivieren, budgetieren, Leistungen beurteilen etc. sind die Themen. Wir erfahren dabei viel über die Profession und die Praxis des Führens, aber meist weniger (oder nur Implizites) über Haltungen und Werte dahinter. Selbst Soft-Skills-Themen wie das „Zuhören" werden sehr häufig „versachlicht" und als Technik gelehrt. Doch auch andere, wie durch Sprenger (1997) vertretene Ansätze der Förderung der Selbstverantwortung finden ihren Platz in der Managementdiskussion, um hier nur zwei Beispiele zu nennen.

Dennoch sind es hauptsächlich Werte, Haltungen, zugrunde liegende Motive und der Bewusstseinszustand, aus dem wir handeln, die unser Verhalten bestimmen. Freilich formen unsere Kenntnisse und persönlichen Fähigkeiten den spezifischen Ausdruck. Ich habe aber schon oft miterleben dürfen, dass Worte, auch wenn sie ungelenk formuliert waren, ihren Empfänger dennoch in ihrer eigentlichen Bedeutung erreicht haben. Genauso geschah es, dass Sätze, auch wenn sie perfekt formuliert waren, Missbehagen hervorriefen, da erkennbar war, dass es sich nur um Worthülsen handelte, da die Haltung des Senders nicht mit seiner Aussage übereinstimmte.
Insofern meine ich, dass sowohl Form als auch Haltung wichtig sind, wobei ich der Haltung die größere Bedeutung zumesse. Diese Erkenntnis beeinflusst auch meinen Zugang in der Arbeit mit Führungskräften. Es geht nicht nur um das Erlernen perfekter Gesprächstechniken, sondern auch um ein Entwickeln von Offenheit und Wertschätzung. Das soll jetzt nicht den Eindruck von Sozialromantik entstehen lassen,

Führungskräfte müssen auch Entscheidungen treffen, die hart sind, und können nicht immer nach empathischen Gesichtspunkten handeln. Doch auch im Falle einer unangenehmen Entscheidung können Führungskräfte gesund führen, indem sie aus einem Zustand der Achtsamkeit und Wertschätzung handeln und kommunizieren. Ein einfacher Leitspruch dazu lautet: „Klar in der Sache, weich zur Person." Mit diesem Spannungsfeld umzugehen ist eine der großen Aufgaben und Herausforderungen für Führungskräfte, die Offenheit zu ihrem Prinzip machen.

Ich möchte in der Folge ein von Seliger (2008) entwickeltes Modell der Führung vorstellen. Das Modell beinhaltet einerseits die Praxis des Führens (sich selbst, Menschen und Organisationen führen), die sich als beobachtbare Dimension im Verhalten von Führungskräften zeigt.

Dahinter liegen die beiden unsichtbaren Dimensionen der Profession (Theorie, Rollenklarheit und Instrumente) und des Prozesses (Wachsamkeit, Wertschätzung und Wirksamkeit) des Führens.

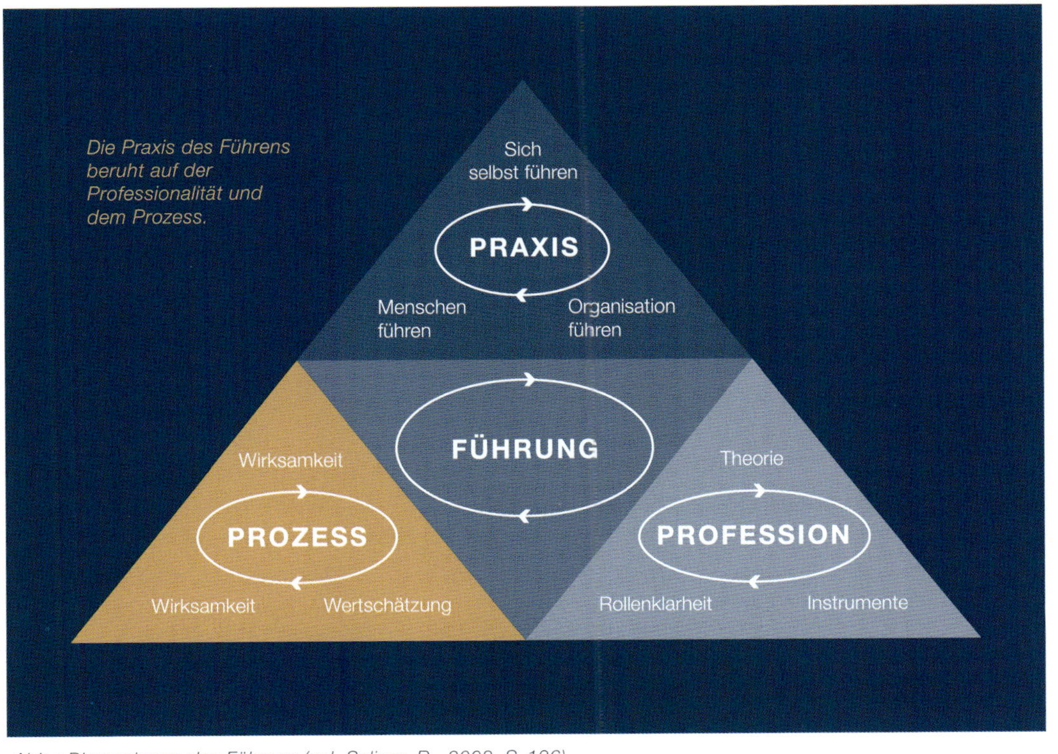

Abb.: Dimensionen des Führens (vgl. Seliger, R., 2008, S. 126)

Vor allem die Prozesskompetenz möchte ich an dieser Stelle im Sinne von gesundheitsförderlicher Führung hervorheben, weil sie die Ebene der Werte und Haltungen betrifft. Dazu möchte ich erste Verbindungen dieser drei Eckpunkte zur Psychologie und Psychotherapie herstellen. Wachsamkeit ist ein Begriff des Augenblicks, des „Hier und Jetzt", ein Aufnehmen von Informationen im Hinblick auf sich selbst, auf Menschen im sozialen System und im Hinblick auf die Organisationseinheit, für die die Führungskraft verantwortlich ist. Sie meint damit auch eine Präsenz, für die man sich immer wieder weitgehend frei von vorgefertigtem Wissen, Routinen, Plänen etc. machen muss. Das bedeutet, dass sich Führungskräfte z. B. in einem Gespräch mit einem/einer MitarbeiterIn zwar vorbereiten und das Setting bewusst gestalten, sich dann aber auf den Kontakt im „Hier und Jetzt" einlassen. Dazu werde ich an späterer Stelle auf den Kontakt- und Gesprächsbogen, basierend auf dem Konzept des Kontaktzyklus, verweisen.

Mit Wertschätzung spricht Seliger die Fähigkeit, Realität anzuerkennen und ihr einen Wert zu geben, an. Nur wenn wir das, was ist, anerkennen, können wir daraus die Ressourcen und Potenziale ableiten, die wir brauchen, um Herausforderungen zu bewältigen. Auch hier besteht eine hohe Affinität zum Gestaltansatz in der Psychologie, weil dieses „Wert-schätzende" Anerkennen im Hier und Jetzt, um Ressourcen des Klienten/der Klientin zu aktivieren, ebenso ein Zugang in der psychologischen und psychotherapeutischen Arbeit ist.

Die Wirksamkeit entspringt dem Führungshandeln. Motive und Ziele, die Handlungen antreiben, Entscheidungen und Macht zur Verwirklichung von Entscheidungen spielen eine Rolle. Es geht um die innere Haltung als Basis für ebendiese Handlungen, die sich in der Praxis des Führens zeigen. In der Psychologie bewegen wir uns hier im Bereich der Interventionen bzw. im Bereich der handlungsleitenden Wahrnehmungen, dahinterliegenden Annahmen und unserer Hypothesenbildung sowie letztlich natürlich der Umsetzung der Intervention anhand unserer Möglichkeiten durch unser Wissen und unsere Erfahrung.

Das folgende **Praxisbeispiel** soll die Dimensionen des Führens reflektieren:
Zur Zeit der Wirtschaftskrise, als sich viele Unternehmen von MitarbeiterInnen trennen mussten, waren Personalverantwortliche vor besondere Herausforderungen gestellt. Neben der wirtschaftlichen Unsicherheit und dem Mitgestalten diverser organisatorischer Veränderungen mussten die Personalchefs in einem von mir beratenen Konzern bis zu 8 Kündigungsgespräche an einem Tag führen. Das löste bei den HR-Chefs selbst starke Betroffenheit aus, gleichzeitig fühlten sie sich gefordert, die Vertragsauflösungen (neben unterstützenden Begleitmaßnahmen wie Stiftungen etc.)

zumindest so human wie möglich zu gestalten. Dabei stießen sie bisweilen auch an Grenzen, die sie selbst nicht beeinflussen konnten. In dem angesprochenen Konzern wurden Vertragsauflösungsgespräche unter 6 Augen durchgeführt, und zwar zwischen dem/der MitarbeiterIn, der operativen Führungskraft und dem/der Personalverantwortlichen. Die operativen Führungskräfte der zu kündigenden MitarbeiterInnen waren von der Situation zum Teil derart überfordert, dass sie sich im Gespräch vom Geschehen innerlich distanzierten und z. B. dem/r MitarbeiterIn nicht in die Augen, sondern scheinbar unbeteiligt aus dem Fenster sahen oder in einem plötzlich auftretenden Rechtfertigungsdruck Kritik am/an der MitarbeiterIn aussprachen, die sie zuvor nie geäußert hatten. Solche Verhaltensweisen verschärften die Härte eines solchen Gesprächs zusätzlich.

In einem Workshop erarbeitete diese Gruppe von Personalverantwortlichen gemeinsam einen Fahrplan, der für sie selbst und die jeweils direkten Vorgesetzten der zu kündigenden MitarbeiterInnen eine Hilfestellung für respektvolle Trennungsgespräche sein sollte. Dieser Fahrplan beinhaltete eine Vorbereitung auf das Gespräch gemeinsam mit der operativen Führungskraft und orientierte sich an Anregungen zur Gesprächsgestaltung beim Überbringen schlechter Nachrichten nach dem **SOS-Prinzip** (schnell-offen-sensibel).

Schnell bedeutet, nicht lange um den heißen Brei herumzureden, sondern nach einem kurzen „Abholen" der betreffenden Person rasch zur Sache zu kommen. Offen bedeutet, die Dinge klar und unverschleiert anzusprechen. Sensibel bedeutet, dabei mit dem/r MitarbeiterIn „in Kontakt" zu bleiben und sich nicht emotional abzuspalten, um die Situation auszuhalten.

Einige andere Punkte wie das Aushalten der Emotionen der betroffenen MitarbeiterInnen, die nächsten Schritte nach diesem Gespräch, psychohygienische Maßnahmen für die Vorgesetzen und Personalverantwortlichen, die Art der Kommunikation der Nachricht an die verbliebenen MitarbeiterInnen sowie das letzte, einfache aber würdigende Verabschieden der gekündigten MitarbeiterInnen seien hier nur am Rand erwähnt.

Neben der inhaltlichen Arbeit konnten die Personalverantwortlichen in diesem Workshop ihre eigenen Gedanken und Gefühle zu der aktuell schwierigen Situation zum Ausdruck bringen und in der kollegialen Beratung durch den Austausch, das gegenseitige Verständnis und die Erfahrung von Gemeinschaft und sozialer Unterstützung weiter integrieren. Dies ist ein Beispiel, in dem alle Dimensionen der Führung, nach Seliger, ihren Platz hatten.

Die Dimension der professionellen Kompetenz war in der Auseinandersetzung mit der Rollenklarheit von HR und der jeweiligen operativen Führungskraft sowie mit den vorhandenen Instrumenten von Vertragsauflösungen gegeben.

Die Dimension der Prozesskompetenz spiegelte sich in einer intensiven Beschäftigung damit, wie selbst in einer so schwierigen Situation aus einer Haltung der Wertschätzung heraus kommuniziert werden kann. Gleichzeitig gingen die Führungskräfte mit ihrer persönlichen Befindlichkeit offen um und konnten dadurch miteinander etwas Neues schaffen, das für die gesamte Organisation hilfreich war.

Die Dimension der Praxis schließlich zeigte sich in der Art und Weise, wie der gesamte Prozess der Vertragsauflösung stattfand und wie die Gespräche selbst abliefen.

Eine derartige Auseinandersetzung von Führungskräften mit ihrer Verantwortung spiegelt Werte und Haltungen, die gesundheitsförderlich und zukunftsweisend sind. Strukturen lassen sich oft durch Entscheidungen verändern, Führungstechniken lassen sich lernen, die Werteentwicklung ist ein Prozess, der Persönlichkeitsentwicklung bedeutet und Öffnung für das Gegenwärtige beinhaltet.

Dazu folgende Ausführungen von Otto Scharmer, der **4 Ebenen des Bewusstseins** und des Handelns, die „Feldstrukturen der Aufmerksamkeit", unterscheidet. Er veranschaulicht diese sehr plastisch anhand einer wichtigen Führungsaufgabe, der Aufgabe des Zuhörens:

Wir können auf unterschiedliche Arten zuhören, wobei der innere Ort, aus dem unsere spezielle Aufmerksamkeit entspringt, ein jeweils anderer ist:

1| **Downloading:** Alles, was wir hören, bestätigt das, was wir ohnehin bereits wussten.

2| **Objektfokussiertes Zuhören:** Wir lenken unsere Aufmerksamkeit auf die Fakten und auf neue oder unerwartete Daten – der Fokus liegt auf dem möglichen Unterschied zu bereits bekannten Inhalten.

3| **Empathisches Zuhören:** Hier entwickeln wir einen direkten Eindruck von dem, was der andere sagen möchte, indem wir uns auf einen wirklichen Dialog einlassen und uns in den anderen einfühlen.

4| **Schöpferisches Zuhören:** Der Ort des Zuhörens ist nun die Quelle des Werdenden. Wir fühlen uns gegenwärtig, ruhig und verbunden. Am Ende eines Gespräches sind wir durch einen oft subtilen, aber tiefen Prozess gegangen.

Wir können davon ausgehen, dass wir, wenn wir aus der ersten oder zweiten Feldstruktur handeln, auf einer sehr sachlichen Ebene agieren, aus der dritten Feldstruktur auf einer zwischenmenschlichen (Herzens-)Ebene und aus der vierten Feldstruktur auf Basis einer schöpferischen Präsenz (vgl. Scharmer, O., 2011).
Wenn ich in meinen Seminaren Führungsgespräche anhand von Rollenspielen durchführe und anschließend gemeinsam mit den TeilnehmerInnen reflektiere, beziehe ich mich auf alle vier Ebenen des Zuhörens. Diese „Brille" erlaubt neben der Vermittlung von „Klassischer Kommunikationstheorie" (Schulz von Thun, Watzlawick, TZI etc.) ein differenziertes Herangehen an das komplexe Thema der Kommunikation und des Kontaktes. Es beinhaltet die innere Haltung und den inneren Ausgangspunkt, an dem ich mich befinde, wenn ich ein Gespräch führe. Entsprechende Übungen zur Wahrnehmung und Bewusstwerdung dieser inneren Orte finden sich später in diesem Buch im Modell des LOOP.

„Führung im Sinne von Fördern und Entwickeln bietet die Basis für die Arbeit mit dem Lebendigen. Eine Kultur der gegenseitigen Akzeptanz und Wertschätzung ist ein weiterer hilfreicher Faktor für eine gesunde, ertragreiche Produktivität" (Döring, W., in: Hutterer-Krisch, S. 216).

Gesundheitsförderliches Führen kann demnach nicht rein auf Basis einfacher Verehaltensmaßnahmen erlernt werden, es bedarf eines immer wiederkehrenden inneren Prozesses der Auseinandersetzung mit den eigenen Werten, mit persönlichen Verhaltensmustern und Prägungen, Projektionen und (Gegen-)Übertragungsreaktionen. Doch auch das ständige Weiterentwickeln der verwendeten Führungsinstrumente und ihrer Anpassung an die jeweiligen Situationen/MitarbeiterInnen ist ein wesentlicher Beitrag zum gesundheitsbewussten Führen.

Hier stellt sich die Frage: Gibt es einen gesundheitsförderlichen Führungsstil?
Die abgebildeten 7 Führungsstile nach Tannenbaum & Schmidt stellen gängige Ausprägungen von Führungsstilen dar.

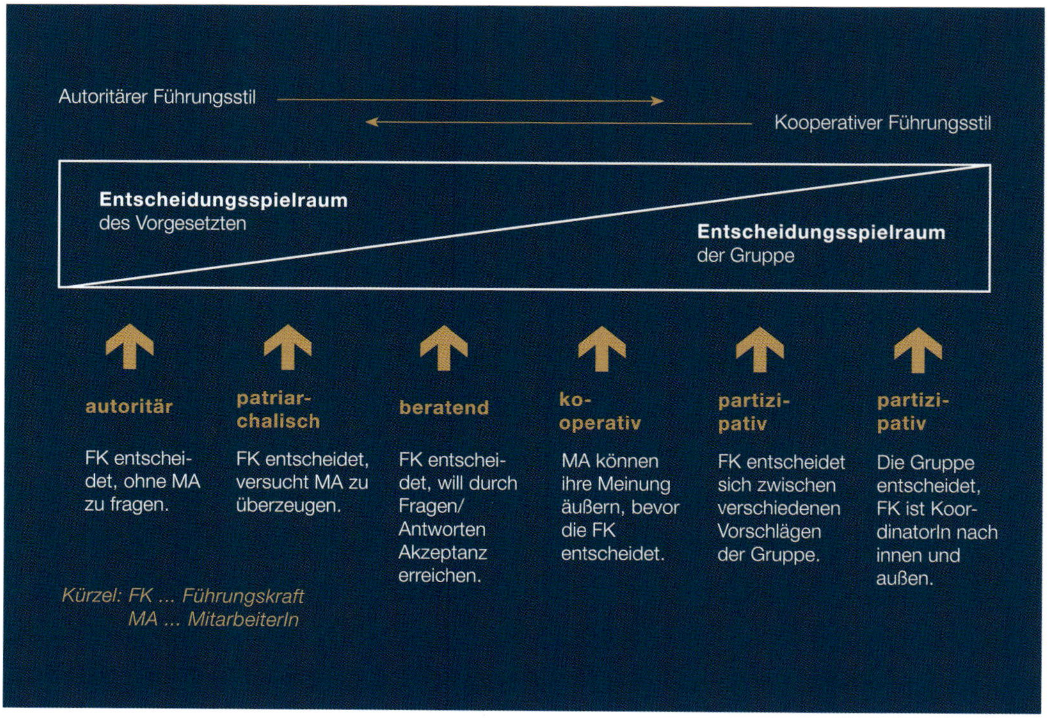

Abb.: Führungsstile nach Tannenbaum & Schmidt (vgl. Döring, W., in: Hutterer-Krisch, S. 216)

Generell zeigen einige empirische Studien (mehr dazu in Kapitel 3.2.), dass mitarbeiterInnenorientiertes Führungsverhalten gesundheitsförderlicher ist, als ein autoritärer Führungsstil, das Führungsverhalten muss aber immer im Kontext der Situation und der handelnden Personen gesehen werden.
Als anschauliches Beispiel kann hier eine Feuerwehreinsatzgruppe dienen: Im Zuge eines Einsatzes wird autoritär entschieden, was von allen akzeptiert, zielführend und angebracht ist. Bei der Reflexion eines Einsatzes bzw. bei der Weiterentwicklung der gemeinsamen Arbeit werden dann sehr wohl Erfahrungen ausgetauscht und bestenfalls unterschiedliche Meinungen je nach Erfahrung der Gruppenmitglieder, Beziehung der Gruppenmitglieder zueinander und zum/zur Feuerwehrkommandanten bzw. -kommandantin bzw. abhängig von dessen/deren Bandbreite an Führungsstilen für die Weiterentwicklung der gemeinsamen Arbeit genützt.

Doch welche Zusammenhänge gibt es nun tatsächlich zwischen der Gesundheit von MitarbeiterInnen und dem Führungsstil des/der Vorgesetzten?
Transformationale Führung als Weiterentwicklung des Transaktionalen Führungsstils geht über die Befriedigung ökonomischer und sozialer Austauschbedürfnisse

hinaus. Menschen handeln demnach nicht nur rational und zielgerichtet, ihr Streben ist auch auf die Erhöhung des Selbstwertgefühls und der Selbstwirksamkeit ausgerichtet. Transformationale Führung wird so auch den neuen Anforderungen des Generationenwandels gerecht. Die Transformation (lat. transformare = umformen, umgestalten) erfolgt durch eine Veränderung von Werten und Einstellungen, von rein egoistischen und individuellen Zielen hin zur Hingabe für langfristige, übergeordnete Ziele. Dies trägt einer zunehmenden Sehnsucht vieler Menschen nach Sinn und Zugehörigkeit neben der in den letzten Jahren immer stärker werdenden Individualisierung Rechnung. Führungskräfte, die transformational führen, vermitteln attraktive Visionen, kommunizieren den gemeinsamen Weg zur Zielerreichung, treten als Vorbild auf und unterstützen die individuelle Entwicklung ihrer MitarbeiterInnen und damit auch deren Gesundheit. Nach Bass & Avolio sind die vier maßgeblichen Faktoren transformationaler Führung:

- **Idealized influence** (Vorbildwirkung): Die Führungskraft wird als authentisch, integer und glaubwürdig wahrgenommen und dient so den MitarbeiterInnen als Vorbild, an dem sie sich menschlich wie fachlich orientieren.
- **Inspirational motivation** (inspirierende Motivation): Durch die überzeugende Kommunikation einer begeisternden Vision, in der die einzelnen Mitarbeiter Sinn und Bedeutung und auch ihren eigenen Beitrag zum Ganzen erkennen, wird Zugehörigkeit, emotionale Bindung und Motivation erreicht.
- **Intellectual stimulation** (intellektuelle Anregung): Die Führungskraft regt ihre MitarbeiterInnen zu kreativem, innovativem Denken an und fördert so das Hinterfragen und Optimieren von Prozessen. Probleme werden so mehr als positive Herausforderungen wahrgenommen.
- **Individualized consideration** (individuelle Unterstützung): MitarbeiterInnen werden von ihrer Führungskraft als individuelle Persönlichkeiten wahrgenommen und entsprechend gefördert. Der Führungskraft gelingt es, als „consultant, coach, teacher and mother figure“ in besonderem Maß die individuellen Potenziale, Bedürfnisse und Motive zu erkennen, und entwickelt durch die individuelle Förderung maßgeblich das Selbstvertrauen der MitarbeiterInnen mit.

Transformationale Führung verlangt von Führungskräften nicht nur fachliche Kompetenzen, sondern vor allem soziale und emotionale Intelligenz. Der Grund für den Erfolg der transformationalen Führung liegt in den gesellschaftlichen und ökonomischen Entwicklungen in den letzten Jahren. Die Märkte verlangen eine stärkere Kundenorientierung, die MitarbeiterInnen müssen schnell und flexibel auf Kundenwünsche reagieren und selbstständig die Interessen der Unternehmen vertreten. Das können sie nur, wenn ihnen die notwendigen Kompetenzen und Freiheiten übertragen werden. Je selbstständiger MitarbeiterInnen arbeiten sollen, umso unangemessener ist ein Führungsverhalten, das allein auf Kontrolle und Sanktionen beruht. Aber auch kooperative Führung stellt nicht sicher, dass die MitarbeiterInnen die Ziele des Unternehmens verfolgen und gemäß dessen Leitbild agieren. Vorgesetzte, die versuchen, die Einstellung ihrer MitarbeiterInnen zur Arbeit an die Wertevorstellungen des Unternehmens anzupassen, zu transformieren, werden in Zeiten der Komplexität und Dynamik erfolgreich sein (vgl. Nerdinger, 2014).

Der von mir entwickelte Ansatz **Holotrop Führen®** geht noch einen Schritt weiter und stellt die innere Ausrichtung der Führungskraft und ihre handlungsleitenden Werte ins Zentrum. Dazu mehr in **Kapitel 8.**

3.2. Zusammenhänge zwischen Führung und Gesundheit

Zwischenmenschliche Beziehungen sind, wie in der Säuglingsforschung schon lange bekannt und durch Rizzolattis Experimente auch neurobiologisch bestätigt, nicht nur Medium unseres seelischen Erlebens, sondern auch biologischer Gesundheitsfaktor. In unseren Gehirnstrukturen finden sich auf Beziehungsaufnahme und Beziehungsgestaltung spezialisierte Systeme, die Spiegelneuronen. Gleichzeitig zeigen einschlägige arbeitsmedizinische Untersuchungen, dass überall dort, wo zwischenmenschliche Beziehungen quantitativ oder qualitativ abnehmen, Gesundheitsstörungen zunehmen. In einer Studie der AOK mit über 15.000 Befragten klagten 60-80 % der StudienteilnehmerInnen über psychosomatische Körpersymptome wie depressive Verstimmung, Schlafstörungen, Nervosität, Unruhe und Reizbarkeit. 30-35 % der Erwerbstätigen litten unter starken, objektiv beschreibbaren psychischen Belastungen. Erwerbstätige, die über Rückenschmerzen und Abgeschlagenheit klagten, nannten als Belastungsfaktoren unter anderem schlechtes Betriebsklima, Eintönigkeit, Hektik und ungerechte Behandlung durch den Vorgesetzten (vgl. Bauer, J., 2002).

3.2.1. Beanspruchungen von Führungskräften

Bevor wir auf den Einfluss der Führungsleistung auf die Gesundheit und das Wohlbefinden von MitarbeiterInnen näher eingehen, möchte ich mich einigen Beanspruchungsfaktoren widmen, die die Führungskraft selbst betreffen. Damit soll deutlich werden, dass die später näher ausgeführte „Selbstführung" von Führungskräften die entscheidende Basis für jedes gesundheitsförderliche Führungsverhalten ist. Führungskräfte sind den Dynamiken des Marktes oft viel unmittelbarer ausgesetzt als ihre MitarbeiterInnen. Sie haben im Schnitt hohe Arbeitszeiten, sind vielfach rund um die Uhr erreichbar und tragen hohe Verantwortung. Dennoch weisen Führungskräfte im Schnitt geringere Fehlzeiten auf als MitarbeiterInnen. Man führt das auf mehrere Faktoren zurück: Viele Führungskräfte gehen auch krank arbeiten bzw. steuern mit Medikamenten ihre Arbeitsfähigkeit und erlauben es sich nicht, krank zu werden. Andererseits haben sie in der Regel einen größeren Handlungsspielraum und die Möglichkeit, sich vieles selbst einzuteilen und selbstverantwortlich zu entscheiden. Dadurch und durch ein verstärktes Sinnerleben ihrer Aufgabe sind sie wahrscheinlich oftmals resilienter und weisen geringere krankheitsbedingte Fehlzeiten auf.

Durch die Menschenführung im engeren Sinn jedoch entstehen auch einige Beanspruchungsfaktoren, die in Folge angeführt werden. Menschliches Wohlbefinden entsteht, wie auch zuvor bereits deutlich wurde, aus der Kompetenz, wesentliche biologische, psychologische und soziale Grundbedürfnisse wahrzunehmen, auszudrücken und für deren Erfüllung Sorge zu tragen. Aus psychologischer Sicht sind die Grundbedürfnisse der Bindung, der Autonomie und des Selbstwerts, die zueinander in einem Spannungsfeld stehen und auch in sich ambivalent sind, wesentlich.
In der folgenden Abbildung soll dies deutlich werden:

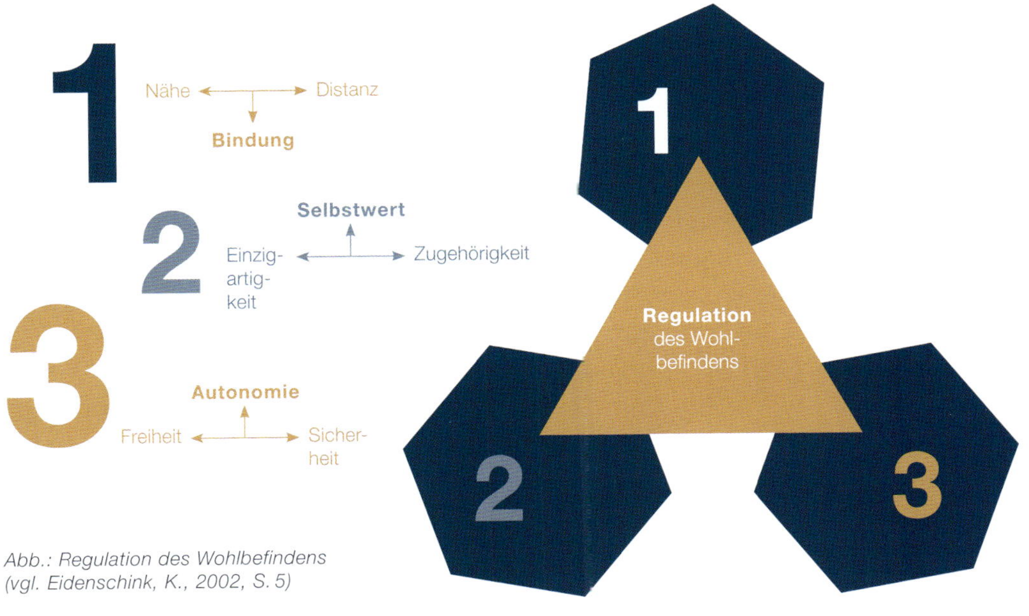

Abb.: Regulation des Wohlbefindens (vgl. Eidenschink, K., 2002, S. 5)

Die Regulation dieser drei Bedürfnisse ist für Führungskräfte im Kontext des Unternehmens zusätzlich erschwert:

Das Bedürfnis nach Nähe lässt sich im beruflichen Kontext nicht immer leicht erfüllen. Führungskräfte sind nicht Teil des eigenen Teams, sie haben eine spezielle Rolle und arbeiten seltener unter „Ihresgleichen", weil die Zusammenarbeit mit Führungskräften auf der gleichen Ebene durch unterschiedliche Aufgabenstellungen schwer möglich oder strukturbedingt konfliktbesetzt ist.
Die Führungskraft gilt für die MitarbeiterInnen in der Regel als Identifikationsfigur und Vorbild. Führungskräfte werden ständig beobachtet und bewertet, durch eine oftmals praktizierte „Open door"-Politik wird Rückzug unmöglich und das Bedürfnis nach Distanz bleibt oft unerfüllt.

➚ Das bedeutet, dass Führungskräfte sehr bewusst ihr Nähebedürfnis im privaten, aber auch kollegialen Umfeld (z. B. durch Intervisionsgruppen wie im Kapitel 6.1.3. beschrieben) pflegen sollten. Gleichzeitig sollten sie auch ihrem Distanzbedürfnis Rechnung tragen, z. B. durch eine zu bestimmten Zeiten geschlossene Bürotür, das Ausschalten des Handys bzw. das Sorgen für selektive Erreichbarkeit, das bewusste Eintragen von „Terminen mit sich selbst" im Outlook-Kalender etc. Wichtig bei diesen Maßnahmen ist, dass die Führungskraft aufmerksam für sich selbst ist und die für sie persönlich hilfreichen Maßnahmen setzt.

Das Bedürfnis nach Freiheit ist ebenfalls nicht einfach erfüllbar – jede Führungskraft muss sowohl die Interessen des Unternehmens als auch die des eigenen Teams vertreten. Dadurch entsteht eine sogenannte Sandwich-Position, die Führungskraft sitzt, bildhaft gesprochen, zwischen zwei Stühlen. Hier kommt es bei Führungskräften häufig zu (inneren) Loyalitätskonflikten, weil sie immer wieder Unternehmensentscheidungen transportieren und mittragen müssen, hinter denen sie selbst nicht zur Gänze stehen und die zusätzlich dann noch zu Konflikten mit den MitarbeiterInnen führen. Die Notwendigkeit, in komplexen Situationen ohne hinreichende sachliche Kriterien Entscheidungen zu treffen, erschwert die Erfüllung des Bedürfnisses nach Sicherheit, besonders in Zeiten schneller und permanenter Veränderungen.

➚ Sich selbst über die eigene Position klar zu werden und diese dann auch in konflikthaften Situationen zu vertreten, kann helfen, nicht im Sandwich zwischen den Interessen der anderen stecken zu bleiben. Dabei gilt es, sich innerlich ein Stück weit unabhängig von der Bewertung anderer zu machen. Um dem persönlichen Bedürfnis nach Sicherheit zu begegnen, empfiehlt es sich, von den eigenen Perfektionsansprüchen und den damit verbundenen Insuffizienzgefühlen zu realistischen Selbstanforderungen zu kommen (siehe dazu den später angeführten Antreibertest, das Modell LOOP und die Förderung von Gelassenheit und Vertrauen durch Meditation).

Die meisten Menschen tragen unverarbeitete Autoritätsbeziehungen in sich, die in der Folge auf die Führungskraft übertragen werden. Führungskräfte, die etwas Besonderes darstellen oder dies auch nur möchten, ziehen auch besonders häufig Idealisierungen und Abwertungen auf sich; damit wird die Erfüllung des Bedürfnisses nach Einzigartigkeit in der Führungsrolle zusätzlich erschwert. In der Übertragungsdynamik kommt es häufig dazu, dass regressive Tendenzen zum Wunsch nach einer idealen (Mutter/Vater-)Figur in der Führungskraft führen mit dem gleichzeitigen latenten Impuls, diese/n vom Thron zu stoßen. Damit kommt es bei der Führungskraft in der Gegenübertragungsreaktion häufig zu Versagensängsten und zu Versuchen, sich keine Unsicherheiten anmerken zu lassen – das Bedürfnis nach Zugehörigkeit ist schwer zu erfüllen.

Führungskräfte können gut für sich sorgen, indem sie ihre Selbstwertbedürfnisse in anderen Lebensfeldern zu stillen versuchen und gleichzeitig Übertragungs- und Gegenübertragungsphänomene verstehen lernen. Es gilt, Wege zu finden, in der Funktion als Führungskraft zu einer „mittleren Zugehörigkeit" zu finden, die Ausdruck des Gemeinsamen mit unterschiedlichen Rollen ist.

Insgesamt wird hier sehr deutlich, in welch komplexer Dynamik sich Führungskräfte in ihrer Funktion befinden. Ambiguitätstoleranz zu entwickeln und damit auch mit unstrukturierten Situationen, unverständlichen Informationen oder unberechenbaren Entwicklungen umgehen zu können, ist eine wesentliche Herausforderung für Führungskräfte, für die es keine Patentrezepte gibt, die aber durch eine gute Selbstführung gefördert werden können (vgl. Eidenschink, K., 2001).

3.2.2. Einfluss von Führung auf das Wohlbefinden von MitarbeiterInnen

Auf den Einfluss von Führungskräften auf das Wohlbefinden der MitarbeiterInnen und die Bedeutung von Führungskräfteschulungen zur Reduzierung von Fehlzeiten im Rahmen von Gesundheitsförderungsprojekten weist Kinigadner (in: Kirchler, E. et al., 1997) anhand eines einschlägigen Praxisbeispiels hin. Ich möchte nun einige ausgewählte Studien über Zusammenhänge zwischen Führung und Gesundheit in aller Kürze vorstellen.
Diese Untersuchungen zeigen Zusammenhänge zwischen Führung und Gesundheit sowie zwischen Arbeitsfähigkeit (auch im höheren Erwerbsalter) und Führungsleis-

tung. Dabei werden unterschiedliche Kriterien gesundheitsförderlicher Führung herausgearbeitet.

Gesundheitsbeeinträchtigendes Führungsverhalten

Gerhard Bosch vom Institut für Arbeit und Qualifikation, Universität Duisburg/Essen schreibt: *„Zu den größten Stressfaktoren im Beruf zählen die Unsicherheit über die eigene Position im Unternehmen, der Mangel an Vertrauen zwischen Chef und Mitarbeitern, permanente Überforderung durch unrealistische Vorgaben oder sinnfreie Aufgaben" (Bosch, G. in: Spiegel, Juni 2011).*

Belastendes, demotivierendes und damit tendenziell fehlzeitenförderndes Führungsverhalten umfasst nach Stadler und Spieß (2003, S. 6–7) folgende Punkte:

- *Mangelnde Weiterbildungsangebote*
- *Zu häufige Versetzung an verschiedene Arbeitsplätze und kurzfristige Änderungen der Tätigkeitsinhalte*
- *Konzentration auf Sachaufgaben und Vernachlässigung der Personenaufgaben*
- *Autoritäres Führungsverhalten*
- *Zu geringe Anerkennung der Leistung der Mitarbeiter*
- *Zu häufige und unsachliche Kritik*
- *Vorenthalten von Informationen*
- *Mangelnde Vermittlung des Arbeitssinns*
- *Ungerechte Arbeitsverteilung und fehlende Gleichbehandlung der Mitarbeiter*
- *Zu ausgeprägte Kontrolle und Aufsicht, fehlendes Vertrauen*
- *Unklare und ständig wechselnde Führungsrichtlinien*
- *Zu geringe Einarbeitung neuer Mitarbeiter oder in neue Aufgaben*
- *Nichteinhalten von Versprechungen über Entwicklungsmöglichkeiten*
- *Leistungsziele werden nicht realistisch gesetzt und verursachen dadurch Zeitdruck und Überstunden.*
- *Mangelnde Berücksichtigung der persönlichen Berufsziele der Mitarbeiter*

Eilles-Matthiesen & Zapf (2000, in Matyssek, A. K., 2011) kamen zu ähnlichen Ergebnissen; sie haben folgende Verhaltensweisen von Führungskräften als kränkend und damit krank machend bewertet:

Ungerechtes Verhalten, Übermaß an Kontrolle, unsachliche Kritik und Blick auf die 2 %, die schief gelaufen sind; unangebrachter Umgangston und Anschreien; Vorenthalten von Informationen; Ignoranz und Ironie; Bloßstellen; Verkaufen von Mitarbeiterideen als die eigenen; Nicht-Eingehen auf (sinnvolle) Verbesserungsvorschläge.

Eindringlich sind auch die Ergebnisse der viel zitierten „VW-Studie“, die mittlerweile nur mehr in Sekundärliteratur kursiert, hier zitiert aus Nieder (2000): „VW (wie auch andere Unternehmen in der Automobil- und EDV-Branche) haben bewusst Führungskräfte aus Abteilungen mit hohen Krankenständen in andere Abteilungen mit niedrigen Krankenständen versetzt. Innerhalb weniger Monate stieg auch dort die Anzahl der Krankenstände. Gleichzeitig hat man Führungskräfte aus Abteilungen mit niedrigen Krankenständen in Abteilungen mit hohen Krankenständen versetzt. In diesen Abteilungen sanken die Krankenstände nach wenigen Monaten“.
Das Ergebnis dieser Studien war also sehr aussagekräftig: „Eine Führungskraft nimmt den Krankenstand der MitarbeiterInnen mit“.
Was genau krankenstandsförderlich war bzw. die hohe Anwesenheit im anderen Falle bewirkt hat, wird hier letztlich nicht herausgearbeitet. Man weiß, dass es unterschiedliche Faktoren gibt, die die Zahl der Krankenstände beeinflussen, eine davon ist sichtlich Führung.

In einer anderen Studie des GEVA, Instituts in München (Gesellschaft für Verhaltensanalyse und Evaluation) sagten 80 % der MitarbeiterInnen aus Abteilungen mit hohen Fehlzeiten in einer Befragung: „Unser Chef kann uns nicht motivieren.“ Diese Aussage wurde nochmals hinterfragt, die Ergebnisse waren: Den MitarbeiterInnen fehlte die Anerkennung und das „Gefühl des Gesehenwerdens in der eigenen Leistung“.

Das Verhältnis zwischen Verausgabungsbereitschaft, Anforderungen und deren Bewältigung sowie Anerkennung und Belohnung (durch die Vorgesetzten) werden durch einschlägige Untersuchungen von Siegrist beleuchtet. Seine Studien ergeben, dass es bei hoher Verausgabung (veranlasst durch äußere Anforderungen und/oder innere Verausgabungsbereitschaft) und geringer Anerkennung/Belohnung zu einer Gratifikationskrise kommt.

Haben also MitarbeiterInnen über einen längere Zeitraum hinweg das Gefühl, der Organisation mehr zu geben, als sie vom Unternehmen zurückbekommen, so mündet dies in das Gefühl, das Unternehmen sei einem eigentlich mehr schuldig, als man erhält. Dabei steigt das relative Herz-Kreislauf-Risiko – es ist bei fehlender Anerkennung und hoher Verausgabungsbereitschaft deutlich höher als bei Personen ohne Gratifikationskrise!

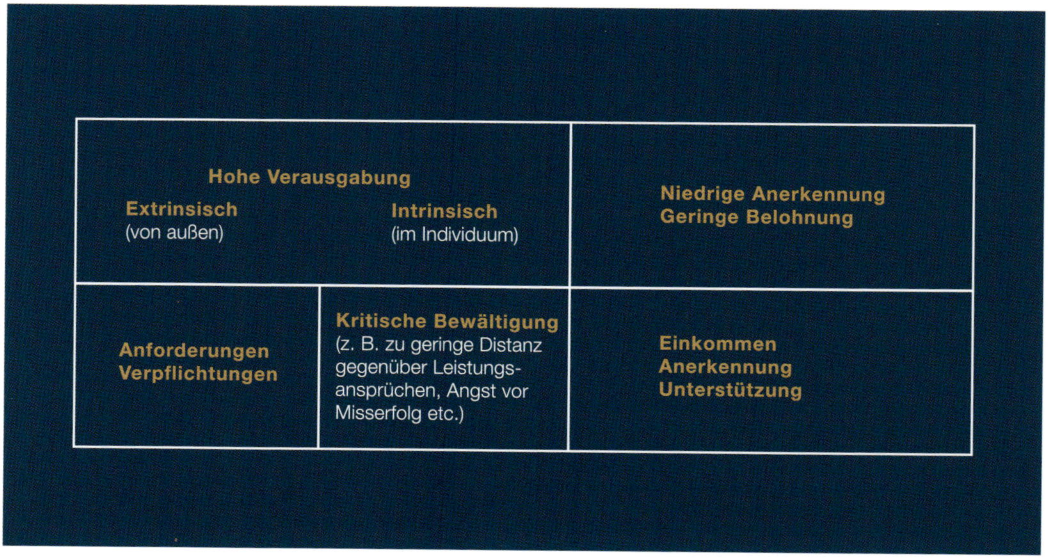

Abb.: Wechselwirkung zwischen Verausgabung und Anerkennung (vgl. Siegrist, J., 1996)

Gesundheitsförderliches Führungsverhalten

Bei einer Befragung der Initiative „Neue Qualität in der Arbeit (INQA)" wurde danach geforscht, was „gute" Arbeit ausmacht. Neben den ersten drei Kriterien „festes, verlässliches Einkommen", „Arbeitsplatzsicherheit" und „Spaß an der Arbeit" lag bereits auf Platz 4, „vom Vorgesetzten als Mensch behandelt werden".

An der ETH Zürich (Eidgenössische Technische Hochschule) wurde anhand einer Befragung von 2.500 MitarbeiterInnen beobachtet, dass vier konkrete Verhaltensweisen Fehltage reduzieren konnten (konkret: 2 Fehltage/Jahr/MitarbeiterIn weniger): loben, Zeit nehmen, eigene Fehler zugeben können, auf Ideen der MitarbeiterInnen eingehen (alle Studien vgl. Matyssek, A. K., 2011, S. 83–84).

Die Zusammenschau bisheriger Führungsansätze und deren Auswirkung auf Gesundheit ergeben folgendes Bild:
Wirkungen auf individueller Ebene zeigen sich wie folgt in folgenden Korrelationen:

- Nach der Unterscheidung von „Mitarbeiterorientierung" und „Aufgabenorientierung" (ein Konzept von Fleischmann aus dem Jahr 1953) zeigt sich ein negativer, also gegenläufiger Zusammenhang zwischen mitarbeiterInnenorientiertem Führungsverhalten und Burn-out.

- Ebenso korreliert die (gute) Qualität der MitarbeiterInnen-Vorgesetzten-Beziehung nach dem Leader-Member Exchange Ansatz (ein Ansatz von Graen & Uhl-Bien aus dem Jahr 1995) negativ mit Burn-out.
- Gute soziale Unterstützung durch den Vorgesetzten (von House im Jahr 1981 entwickelt) zeigten geringe bis mittlere negative Zusammenhänge mit Gereiztheit/Belastetheit, psychosomatischen Beschwerden, depressiven Symptomen und Burn-out.
- Glaubwürdigkeit und Vorbildlichkeit, wichtige Aspekte im Modell der „Transformationalen Führung", zeigen positive Zusammenhänge mit Wohlbefinden und negative Zusammenhänge mit Gereiztheit/Belastetheit sowie Burn-out bzw. emotionaler Erschöpfung.

Auf Gruppenebene zeigt sich, dass die Einigkeit von Gruppenmitgliedern über Eigenschaften der Führungskraft (Biese & Castro, 2000) einen positiven Einfluss auf die Gesundheit einzelner MitarbeiterInnen zu haben scheint. Damit wird sichtbar, wie wichtig die Schaffung eines positiven Führungsklimas ist. (einschlägige Hinweise auf zahlreiche Studien zu diesen Ergebnissen finden sich bei Franke, F., et al., 2011).

Franke et al. untersuchten drei Varianten von Führung bezüglich ihres Einflusses auf die Gesundheit von MitarbeiterInnen. In ihrem Modell der gesundheits- und entwicklungsförderlichen Führung konnten sie durch empirische Untersuchungen zeigen, dass bei Personen mit den geringsten Gesundheitsbeeinträchtigungen die überfordernde Führung gering ausgeprägt und die entwicklungsorientierte und unterstützende Führung stark ausgeprägt war.

Überfordernde Führung bedeutet in diesem Ansatz sowohl qualitative (zu viel Verantwortung, zu schwierige Aufgaben) wie auch quantitative Überforderung (z. B. zu viele Aufgaben) sowie Zeitdruck.
Entwicklungsorientierte Führung umfasst das Einräumen von Einflussmöglichkeiten, die die MitarbeiterInnen das eigene Können und Wissen einbringen lassen, wie auch das Fördern von vielfältigen Fähigkeiten und Kenntnissen durch entsprechende Aufgabengestaltung.

Unterstützende Führung meint einerseits, aufgabenbezogene Ressourcen, die für die Aufgabenerfüllung wichtig sind (z. B. klare Ziele, angemessene Information, transparente Entscheidungen...), und andererseits soziale Ressourcen (Anerkennung, Fairness etc.) zur Verfügung zu stellen (vgl. Franke, F., et al., 2011).

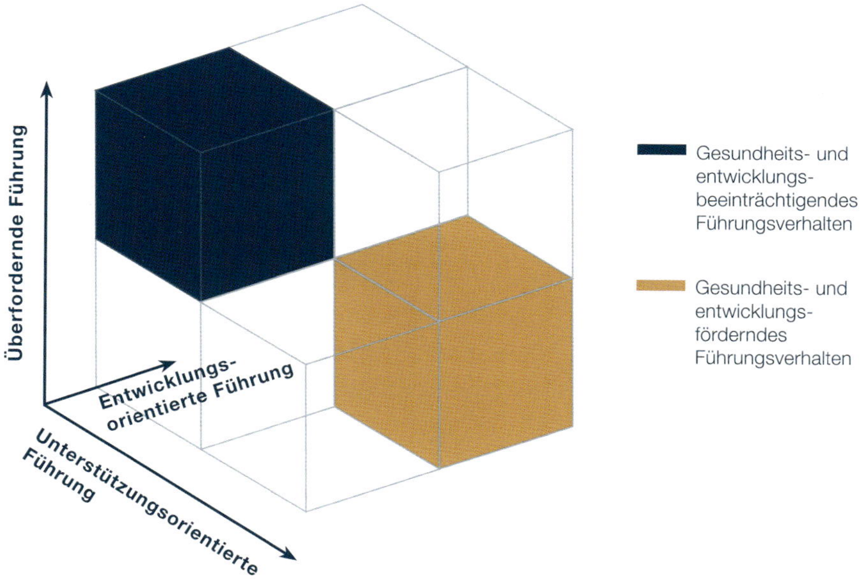

Abb.: Gesundheits- und entwicklungsförderliche Führung (vgl. Franke, F., et al., 2011, S. 381)

Im Ansatz des Health oriented Leadership, kurz HoL, von Franke (in: Franke et al., 2011) findet sich die Selbstführung neben der MitarbeiterInnenführung als eines von 2 zentralen Elementen. In Bezug auf die Selbstführung wird hier zusätzlich davon ausgegangen, dass erst die bewusste Auseinandersetzung mit der eigenen Gesundheit, den eigenen Ressourcen und Stressoren das angemessene Wahrnehmen dieser Aspekte bei MitarbeiterInnen ermöglicht.

Zusätzlich finden in diesem Modell auch kognitive und motivationale Prozesse, die das Gesundheitsverhalten beeinflussen, Beachtung. Präventives Gesundheitsverhalten wird der gesundheitspsychologischen Forschung nach dann wahrscheinlich, wenn die eigene Gesundheit als bedroht erlebt wird, die Motivation besteht, den eigenen Gesundheitszustand zu ändern, entsprechende Maßnahmen zum Schutz der Gesundheit bekannt sind und man sich zutraut, diese Maßnahmen auch auszuführen. Damit ergibt sich für die Personalentwicklung die Anforderung, Selbstreflexion und Wissenserwerb zu unterstützen, um

- △ das eigene Gesundheitsbewusstsein zu fördern (bewusste Reflexion des eigenen Gesundheitszustandes, der persönlichen Stresssituationen und Schulung in der Wahrnehmung von Warnsignalen);

- die eigene Gesundheitsvalenz zu stärken (welchen Stellenwert hat Gesundheit in meinem Leben, wie wichtig sind gesundheitsförderliche Arbeitsbedingungen);
- die gesundheitsbezogene Selbstwirksamkeit und damit auch das Gesundheitsverhalten zu erhöhen (indem ich weiß, was ich für meine Gesundheit tun kann und diese Maßnahmen so überschaubar und praxisnahe sind, dass ich sie auch wirklich durchführe).

Das Führen von Gesundheitsgesprächen ist nach Geißler et al. (2007) ein weiterer konkreter Ansatz gesundheitsförderlichen Führens. Die AutorInnen stellen dabei krankheitsbedingten Fehlzeiten das Modell der psychologischen Arbeitsverträge gegenüber. Neben dem juristischen, schriftlich fixierten Arbeitsvertrag gibt es auch den sogenannten „psychologischen Arbeitsvertrag“, der die individuellen Überzeugungen und Empfindungen der MitarbeiterInnen bezüglich des wechselseitigen Gebens und Nehmens zwischen MitarbeiterIn und Unternehmen beschreibt.

Der psychologische Arbeitsvertrag steht stellvertretend für die Verbundenheit mit dem Unternehmen und mit der Tätigkeit, für das Betriebsklima und für die Anerkennung der geleisteten Arbeit durch die Führung. Der psychologische Arbeitsvertrag kann aus Sicht von MitarbeiterInnen gestört, gebrochen oder völlig zerrüttet sein. MitarbeiterInnen haben dann subjektiv die Sicht, dass das Verhältnis von Geben und Nehmen zwischen ihnen und dem Unternehmen nicht ausgewogen ist und, wie oben beschrieben, das Unternehmen ihnen mehr schulde, als sie bekommen.

Ein gestörter psychologischer Arbeitsvertrag erhöht nicht nur laut Siegrist das individuelle Risiko für Herz-Kreislauf-Erkrankungen, sondern beeinflusst auch das persönliche Anwesenheitsverhalten. So kennt man die sogenannte „Bettkantenentscheidung“, an der sich symbolhaft festmacht, ob MitarbeiterInnen im Zweifelsfall zu Hause bleiben oder sich für den Weg in die Arbeit entscheiden. Geißler et al. (2007) teilen MitarbeiterInnen in 4 Belegschaftstypologien, zusammengesetzt aus Fehlzeiten und psychologischem Arbeitsvertrag, ein (siehe dazu unten stehende Abbildung).

Hier anzusetzen soll nicht Präsentismus (das Erscheinen in der Arbeit trotz Krankheit) fördern, sondern vielmehr eine Hilfestellung sein, arbeitsbedingten (Mit-)Ursachen für krankheitsbedingte Fehlzeiten auf die Spur zu kommen und diese als Führungskraft gemeinsam mit dem/der MitarbeiterIn proaktiv anzugehen.

Siehe dazu folgende Abbildung, die vier Belegschaftsgruppen in Abhängigkeit von Anwesenheit bzw. Fehlzeiten und psychologischem Arbeitsvertrag darstellt.

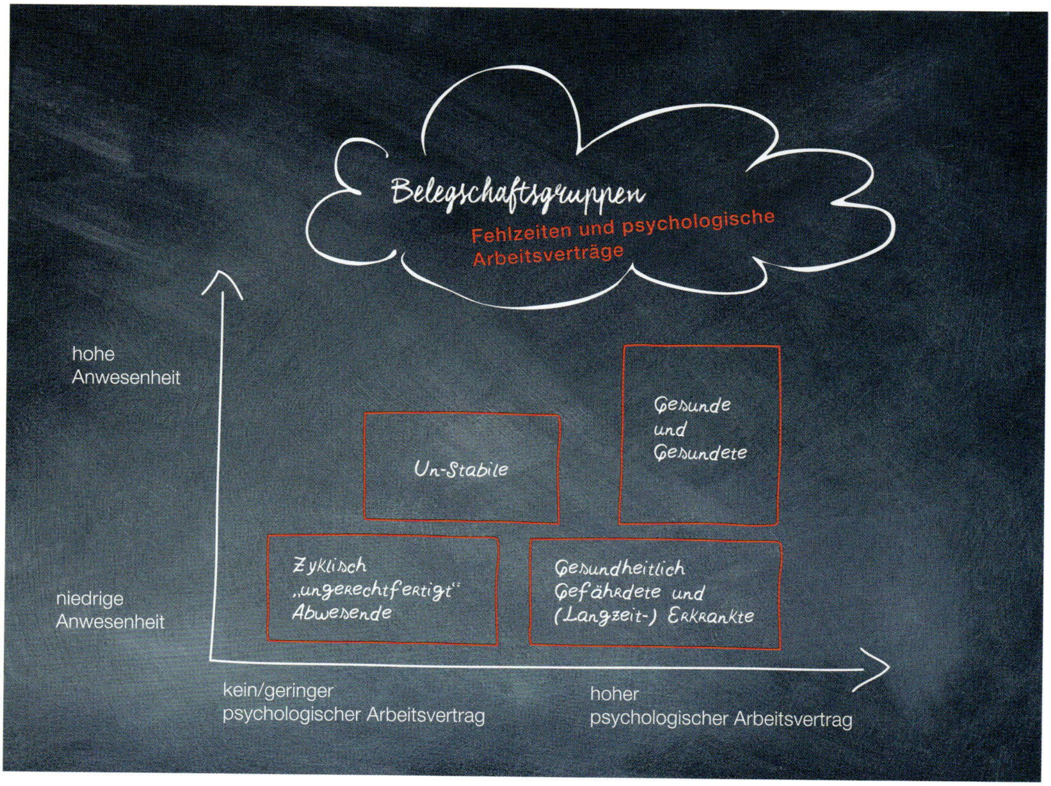

Abb.: Belegschaftsgruppen nach Anwesenheit und psychologischem Arbeitsvertrag (in Anlehnung an Geißler et al., 2007)

Die Gruppe der „Un-Stabilen" sind Personen mit mittleren, unregelmäßigen Fehlzeiten, bei denen man nicht genau weiß, wie die Fehlzeiten entstehen. Oft sind die Ursachen hier multikausal, Probleme im Privatleben, Konflikte am Arbeitsplatz, persönliche Schwierigkeiten usw. Gleichzeitig werden diese Personen auch im Betrieb häufig als labil oder launisch wahrgenommen. Der psychologische Arbeitsvertrag ist nicht sehr stabil.

Die Gruppe der „Zyklisch ‚ungerechtfertigt' Abwesenden" sind Personen, die immer wieder auffällig an Montagen, Freitagen oder Zwickeltagen fehlen, die nach unangenehmen Entscheidungen des Vorgesetzten krank werden und bei denen der Verdacht auf Ausnützen des Dienstverhältnisses besteht. In anderen Studien wird diese Gruppe auch als „UnternehmensbewohnerInnen" bezeichnet. Sie sind gekennzeichnet durch hohe Fehlzeiten bei geringer Identifikation mit dem Unternehmen, manchmal sind es auch Personen, die bereits innerlich gekündigt haben.

Mit der Gruppe der „Gesundheitlich Gefährdeten und (Langzeit-)Erkrankten" sind Personen gemeint, die aufgrund eines gesundheitlichen Problems länger oder immer wieder vom Betrieb abwesend sind. Ursachen sind Verletzungen, Bandscheibenprobleme oder schwere Erkrankungen wie Krebs oder andere. Diese Gruppe fühlt sich mit dem Unternehmen verbunden, kann aber (zurzeit) ihre Arbeit nur eingeschränkt ausführen.

Die „Gesunden oder Gesundeten" schließlich sind LeistungsträgerInnen, die kaum oder nie fehlen und einen hohen psychologischen Arbeitsvertrag haben. Diese Personen fallen oft nicht weiter auf, weil sich Führungskräfte häufig auf diejenigen konzentrieren, mit denen es Probleme gibt.

Aus diesen unterschiedlichen Belegschaftstypologien kann man die folgenden Dialogformen ableiten, die ein konkretes Handwerkszeug für gesundheitsförderliches Führen darstellen:

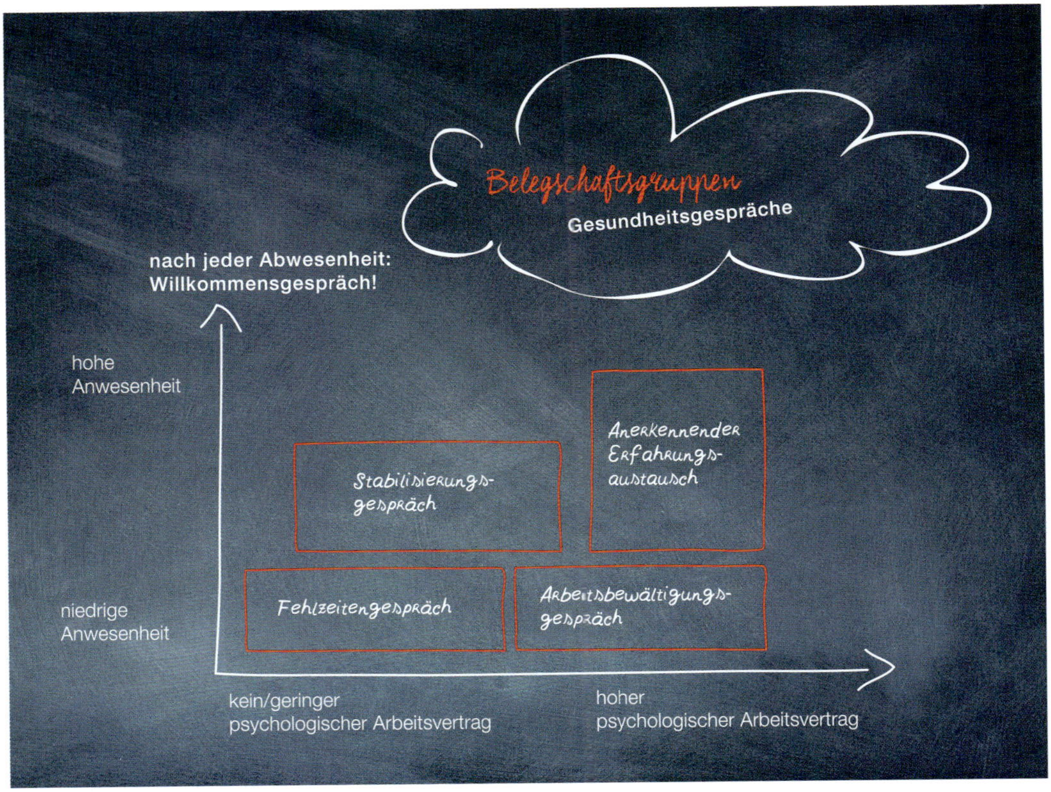

Abb.: Gesundheitsgespräche/Belegschaftsgruppen (in Anlehnung an Geißler et al., 2007)

Für der Gruppe der „Un-Stabilen“ empfehlen sich **Stabilisierungsgespräche,** die dazu dienen, den psychologischen Arbeitsvertrag und die Beziehung zwischen MitarbeiterIn und Vorgesetztem bzw. Vorgesetzter zu stärken. Dabei geht es um eine Öffnung des Mitarbeiters/der Mitarbeiterin, auch um zu erfahren, ob es arbeitsbezogene Unzufriedenheiten oder Probleme gibt, die man gemeinsam beheben kann.

Mit „Zyklisch ‚ungerechtfertigt‘ Abwesenden“ sind **Fehlzeitengepräche** zu führen, um mögliche arbeitsbezogene Ursachen für die Fehlzeiten zu ergründen und dem/r MitarbeiterIn zu signalisieren, dass die Fehlzeiten wahrgenommen werden und diese sich auf den Betrieb und die KollegInnen auswirken. Hier geht es darum, das Vertrauen wieder wachsen zu lassen.

Für „Gesundheitlich Gefährdete und (Langzeit-)Erkrankte“ ist ein **Arbeitsbewältigungsgespräch** vorgesehen, das eine möglichst schonende Wiedereingliederung in den Arbeitsprozess ermöglichen und die zukünftige Arbeitsbewältigung sicherstellen soll. Dieses Gespräch soll dem/r MitarbeiterIn das Gefühl geben, mit der belastenden Situation nicht allein zu sein, sondern von der Führungskraft unterstützt zu werden.

Mit „Gesunden und Gesundeten“ lässt sich ein **anerkennender Erfahrungsaustausch** führen, der durch die positive Ausgestaltung der Führungsaufgabe nicht nur auf den/die MitarbeiterIn, sondern auch auf die Führungskraft selbst gesundheitsförderlich wirkt. In diesem Gespräch, das ohne äußeren Anlass geführt wird, geht es um das Zeigen von Wertschätzung und Interesse und darum, vom Gegenüber eine gesundheitsbezogene Einschätzung des Unternehmens/der Abteilung zu erhalten.

Ein besonderes Gespräch geht aus der oben stehenden Abbildung nicht hervor, dennoch ist es mindestens genauso wichtig wie die andern vier Gesprächsformen: Das **„Willkommensgespräch“,** das die Führungskraft nach jeder Abwesenheit des Mitarbeiters/der Mitarbeiterin (auch nach Urlauben!) führt, bildet die Basis aller Gesundheitsgespräche. Das Willkommensgespräch ist ein kurzes, informelles Gespräch „zwischen Tür und Angel“, das dem/der MitarbeiterIn vermittelt: Du bist wichtig! Ich nehme dich wahr! Konsequent geführte Willkommensgespräche nehmen den anderen Gesprächstypen den Nimbus der Kontrolle. – Leitfäden zu den verschiedenen Formen der Gesundheitsgespräche finden sich im Anhang.

Neben den direkten Einflussmöglichkeiten durch Führungsverhalten auf die Gesundheit von MitarbeiterInnen wird in letzter Zeit die Bedeutung des indirekten Zusammenhangs zwischen Führung und Wohlbefinden hoch bewertet. Über den Einfluss der Bedeutsamkeit der Aufgabe, Rollenklarheit und Entwicklungsmöglichkeiten wird breit diskutiert. Die Erhöhung des Handlungsspielraums von MitarbeiterInnen, die Klärung von Aufgaben und Zuständigkeiten, die Bedeutung von Weiterentwicklungsmöglichkeiten und das rasche Klären von Konflikten können sehr viel zur Gesundheitsförderung beitragen, weil Stressoren dadurch minimiert werden.

Lebensphasenorientierte Führung

Welche Herausforderungen stellen sich uns in Anbetracht der sich verändernden Altersstruktur von Erwerbstätigen?

Grundsätzlich weiß man, dass die Arbeitsfähigkeit im Alter abnimmt. Ältere Beschäftigte sind seltener krank, aber wenn, dann länger. Alternsgerechtes Arbeiten bedeutet, individuellere Pausen machen zu können, Erholungszeiten einzuplanen, sich laufend weiterzubilden und selbstständig arbeiten zu können. Ergonomische Maßnahmen sind genauso wichtig wie das Sehen eines Sinns in der Arbeit. In Finnland führten Ilmarinen & Tempel (2010) eine Langzeitstudie durch, bei der Menschen zwischen 51 und 62 Jahren anhand des Work-Ability-Index (WAI) über einen Zeitraum von 11 Jahren beobachtet wurden.
Die Arbeitsfähigkeit nahm bei der Vergleichsgruppe trotz individueller Maßnahmen zur Gesundheitsförderung und ergonomischer Rahmenbedingungen ab. Bei den MitarbeiterInnen jedoch, die mehr Wertschätzung durch den unmittelbaren Vorgesetzten/ die unmittelbare Vorgesetzte erfuhren, verbesserte sich die Arbeitsfähigkeit! Gutes Führungsverhalten im Sinne von Wertschätzung war hier der einzig hoch signifikante Faktor für die Verbesserung (!) der Arbeitsfähigkeit zwischen dem 51. und 62. Lebensjahr (vgl. Ilmarinen, J., 2010).

Zusätzlich zur grundsätzlichen Bedeutung einer wertschätzenden Haltung und Würdigung gegenüber der Erwerbsbiografie älterer ArbeitnehmerInnen bedeutet diese Erkenntnis, dass es bei älteren MitarbeiterInnen besonders wichtig ist, sie nach ihren Stärken einzusetzen, weil damit auch die Chance, Anerkennung zu erhalten, steigt. Gerade im Zuge der demographischen Entwicklung erscheint es wichtig, weiterzuentwickeln. Führungsverhalten ist, wie man sieht, ein wesentlicher Aspekt dabei.

Was MitarbeiterInnen 50plus häufig zu schaffen macht:

- Häufige Veränderungen, wechselnde Anforderungen im Arbeitsumfeld und Arbeitsgebiet
- Veränderte Arbeitsweisen und erhöhter Zeit- und Arbeitsdruck

- Verlängerte Regenerationszeiten für die eigene Leistungsfähigkeit
- Private Belastungen wie z. B. Krankheiten des Partners, Pflege der Eltern

Daraus ergeben sich folgende Ansatzpunkte für die Führungskraft:

- Das Können und die Erfahrung der MitarbeiterInnen wertschätzen
- Wege zum Erfahrungs- und Wissenstransfer installieren
- Überzeugen, dass „Lebenslanges Lernen" auch von privatem Nutzen ist
- Verborgene Talente und schlummernde Ressourcen erkennen und fördern
- Arbeitsbedingungen nach Möglichkeit individuell gestalten, dabei den Blick auf das Team (Stichwort: Diversität) nicht verlieren
- Bei privaten Problemen einfühlsam und weitblickend reagieren
- Vertrauen schaffen und Werte, Bedürfnisse und Herausforderungen der 50plus-Generation wahrnehmen

Im demographischen Wandel sind wir jedoch nicht nur gefordert, ältere MitarbeiterInnen in der Arbeit zu halten, sondern auch jüngere MitarbeiterInnen, die sich gerade in der sogenannten Rush Hour des Lebens befinden, zu unterstützen.

Nach Lievegoed (2001) lassen sich folgende Zyklen im Leben unterscheiden:

Kindheit und Jugend	0-21 Jahre	Rezeptive Phase
Erwachsenheit	21-42 Jahre	Aktive Phase
Reife	42-63 Jahre	Soziale Phase
Alter	ab 63 Jahren	Geistige Phase

Übergänge sind neuralgische Punkte, die bisweilen herausfordernd und belastend, aber auch als bereichernd und neue Perspektiven eröffnend erlebt werden.

Im Erwerbsleben sind vor allem die aktive und soziale Phase relevant. 30–44-jährige Erwerbspersonen sind nach Ausbildungsabschluss und erster Berufserfahrung in der Regel mit der Gestaltung der beruflichen Entwicklung und gleichzeitig mit Familiengründung beschäftigt. Ältere ArbeitnehmerInnen sind zunehmend durch die Pflege von Familienangehörigen belastet. Familienbewusste Führung ist dabei ein neuer Weg, der dieser Tatsache Rechnung tragen soll. Familienbewusste Führung bedeutet z. B. Maßnahmen zu setzen, die die Vereinbarkeit von beruflichen und privaten/familiären

Interessen unterstützen. Damit werden Stressoren entschärft, die durch Rollenkonflikte oder Überbeanspruchung zu gesundheitlicher Beeinträchtigung führen können. Maßnahmen familienbewusster Führung können z. B. die Flexibilisierung der Arbeitszeiten, Freistellungen, Information und Beratungsdienstleistungen sein, aber auch das Setzen realistischer Termine, das Fördern einer Kultur des Vertrauens und die Bereitschaft, manchmal auch „unbequeme Wege" einzuschlagen. Familienbewusste Führung bedarf eines Bekenntnisses in den Führungsleitlinien; die Bedeutung dieser Ausrichtung muss nach innen und außen klar erkennbar sein. Der familienbewusste Führungsstil kann einen Beitrag zur Entwicklung eines partizipativen Umgangs miteinander und zur Wertschätzung der Generationen untereinander leisten (vgl. Hölzgen, S., in: Schwuchow, K.H., Gutmann, J., 201-).

In der sozialen Phase gibt es nach Sohm (2009) zwei Entwicklungsmöglichkeiten: die aufsteigende Entwicklung, bei der Ehrgeiz und Erfolg nicht mehr hauptsächlich bestimmende Motive sind, sondern das „Enabeln" jüngerer KollegInnen in den Vordergrund tritt; die absteigende Entwicklung jedoch beinhaltet ein Festhalten an Status und Macht, bei dem jüngere KollegInnen oftmals als Konkurrenz erlebt werden.

Lebensphasenorientierte Führung bedeutet in jedem Fall ein individuelles Vorgehen, bei dem Wertschätzung und Einbindung eine wesentliche Rolle spielen.

Dennoch: Vielen Führungskräften ist kaum bewusst, wie sehr sie Einfluss nehmen! Es fehlt Führungskräften oft das gesundheitsbezogene Wissen, um gesundheitsförderlich führen zu können, und Führungskräfte sehen sich oft nur in einem geringen Ausmaß für die Verwirklichung einer lern- und gesundheitsförderlichen Arbeitssituation zuständig (vgl. auch Spieß, E. & Stadler, P., 2007).

3.3. Schlussfolgerungen für die Entwicklung des Konzepts GESUND FÜHREN

Obwohl sich durch viele empirische Untersuchungen ein bedeutsamer Zusammenhang zwischen Gesundheit und Führung feststellen ließ, ist es schwierig, abzuleiten, was genau gesundheitsförderliche Führung ausmacht und welche Führungsaspekte besonders relevant für die Gesundheit sind. Was konkret die Gesundheit von Führungskräften und MitarbeiterInnen fördert, ist eine der zentralen Fragen in diesem Kontext.

Wesentliche Ansatzpunkte sprechen für eine verstärkte Berücksichtigung der in den folgenden Kapiteln ausgeführten Kriterien.

3.3.1. Selbstführung der Führungskraft

Eine gute Selbstführung wirkt auf die Führungskraft unmittelbar, indem das eigene Wohlbefinden steigt. Damit geht automatisch einher, dass das alltägliche Führungsverhalten anders ist, als es unter Stressbelastung ausfallen würde. Erst eine entspannte, ruhige Führungskraft ist in der Lage, Bedürfnisse und Probleme von MitarbeiterInnen wahrzunehmen und unter Umständen in Gesprächen zu thematisieren bzw. abzufedern.
Die Beschäftigung mit sich selbst erhöht die Sensibilität und gesundheitsbezogene Achtsamkeit, und das dazugehörige Handwerkszeug kommt auch MitarbeiterInnen zugute. Wenn Führungskräfte ein umfangreiches Know-how über stressauslösende Konstellationen haben (z. B. durch Über- oder Unterforderung) und auch wissen, wie sich Stress auf (ihre) Gesundheit auswirkt, sind sie eher bereit, diesen Aspekt auch in ihrer Führungsarbeit mitzudenken. Wenn Führungskräfte über belastungsreduzierende Ressourcenaktivierung (z. B. durch soziale Unterstützung des des Mitarbeiters/der Mitarbeiterin durch die Führungskraft) Bescheid wissen, können sie ihren MitarbeiterInnen zur Seite stehen, auch wenn sie an der aktuellen Beanspruchungssituation gerade nichts ändern können. Dies wäre ein klassisches Beispiel einer gelungenen Verzahnung von Stress- und Führungsforschung. Gleichzeitig beeinflussen Führungskräfte durch ihre Vorbildfunktion mittelbar auch das gesundheitsbezogene Verhalten ihrer MitarbeiterInnen. Denn das Verhalten der Führungskraft wirkt oft explizit als Messlatte und wird implizit zur unausgesprochenen Spielregel. So konnte ich z. B. in einem Unternehmen, in dem ein Marathonläufer Vorstand wurde, beobachten, wie sich ab diesem Zeitpunkt die Anzahl der beim jährlichen Businesslauf antretenden Laufgruppen vervielfachte.

3.3.2. Gesundheitsförderlicher Führungsstil

Einfluss der Führungskraft auf Arbeitsaufgaben und Arbeitsbedingungen

Job Rotation, entsprechende Einschulung bei neuen Aufgaben, Arbeitszeit- und Pausenzeitenregelungen und die Weiterentwicklung der MitarbeiterInnen fördernden Führung gehören genauso in diesen Bereich wie klassische, verhältnisorientierte Interventionen, z. B. ergonomische Arbeitsplatzgestaltung oder Licht-, Luft- und Geräuschbedingungen am Arbeitsplatz. Einführung und Kontrolle von Maßnahmen zum Arbeitsschutz sind ebenfalls Aufgaben, die eine Führungskraft hier betreffen. Hierzu eine Zusammenschau gesundheitsbezogener Aufgaben einer Führungskraft, links die Sachaufgaben:

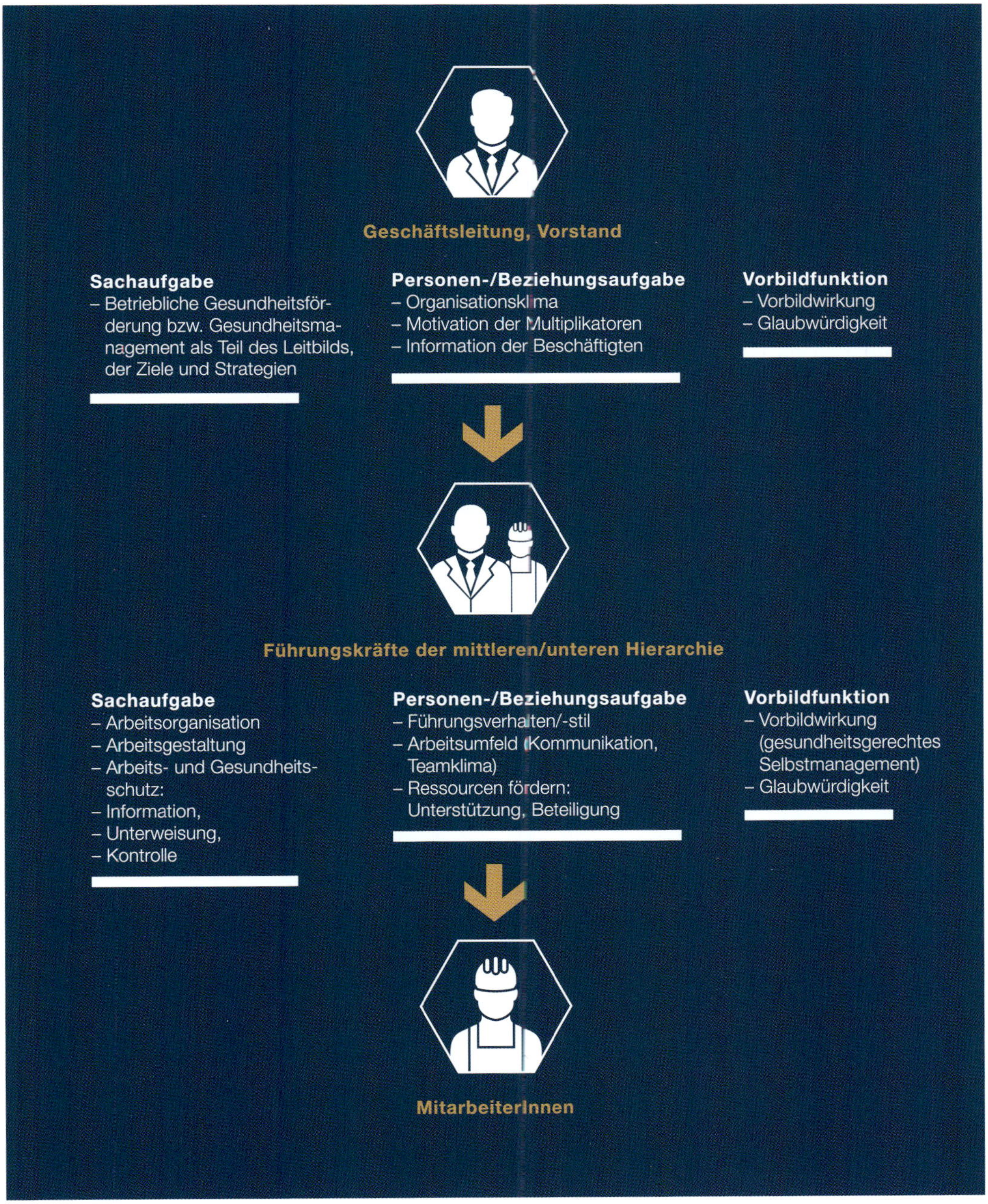

Abb.: Gesundheitsbezogene Aufgaben der Führung (vgl. Franke, F., et al., 2011, S. 373)

Gesundheitsförderliches Führungsverhalten

Hier kann aus vorliegenden Studien zusammenfassend gesagt werden, dass MitarbeiterInnenorientierung, Anerkennung von Leistung und Wertschätzung der Person, eine vertrauensvolle MitarbeiterInnen-Vorgesetzen-Beziehung, soziale Unterstützung durch die Führungskraft und das Wahrnehmen einer gesundheitsbewussten Vorbildfunktion das Wohlbefinden von MitarbeiterInnen fördern.
Gerechtigkeit und Gleichbehandlung, konstruktiver, aktiver Umgang mit Konflikten sowie die transparente Vermittlung von realistischen Zielen und klaren Spielregeln sind auf Gruppenebene besonders relevant.
Ein konkretes Werkzeug für die Förderung von Gesundheit und Wohlbefinden am Arbeitsplatz auf individueller Ebene ist das Durchführen von Gesundheitsgesprächen. Führungskräfte können durch ihr Vorbild und durch Kommunikation viel dazu beitragen, dass Gesundheitsangebote des Unternehmens von MitarbeiterInnen wahrgenommen werden.

3.3.4. Gesundheitsgerechter Umgang mit besonderen Herausforderungen

Gerade in Ausnahmesituationen, mit denen die Organisation noch wenig Erfahrung hat, bzw. bei Themen, die tabuisiert werden, bleiben Führungskräfte oft allein. Das erhöht wiederum den Druck auf die Führungskraft, und die Stressbelastung der Führungskraft steigt. Gleichzeitig erfahren damit auch Probleme wie Mobbing, Burnout oder Sucht oft lange keine Bearbeitung, weil sich niemand im Betrieb kompetent und zuständig fühlt, mit diesen Themen umzugehen. So gaben in einer Studie von Scherrer 53 % der befragten Führungskräfte an, im Umgang mit psychosozialen Themen wie Konflikten, Mobbing oder Burn-out Unterstützungsbedarf zu haben (vgl. Franke, F., et al., 2011). Diese Unterstützung bezieht sich einerseits auf den konkreten Anlassfall und andererseits auf ein Basiswissen über die Ausprägungen derart gesundheitsbezogener Herausforderungen und den funktionsbezogenen Umgang damit seitens der Führungskraft.

Zusammenfassung:

Im Rahmen der betrieblichen Gesundheitsförderung wurde gesundheitsförderliches Führen lange Zeit vernachlässigt. Heute weiß man, dass gesundheitsförderliches Führen Kernstück und kritischer Erfolgsfaktor für die Wirksamkeit von gesundheitsfördernden Maßnahmen in Betrieben ist. Führungskräfte sind selbst stark beansprucht, ihr Führungsverhalten wirkt unmittelbar und mittelbar auf das Wohlbefinden der MitarbeiterInnen, Führungskräfte prägen Unternehmenskultur maßgeblich (mit), ihr gesundheitsbezogenes Verhalten hat Vorbildwirkung und sie sind nicht zuletzt maßgebliche Multiplikatoren für gesundheitsbezogene Angebote der Unternehmen.

Gesundheitsförderliches Führen ist eine komplexe Angelegenheit, die Sach- und die Beziehungsaufgaben einer Führungskraft betreffend. Es gibt nicht einen speziellen Führungsstil, der das Prädikat „gesundheitsförderlich" tragen dürfte. Aus zahlreichen Untersuchungen zeigt sich jedoch, dass Mitarbeiterorientierung, Wertschätzung, Schaffung eines guten Arbeitsklimas und ein positives Kommunikationsverhalten das Wohlbefinden und die Gesundheit von Führungskräften und MitarbeiterInnen fördern.

Die Erkenntnisse dieser unterschiedlichen Studien spiegeln sich im vorliegenden Konzept des gesunden Führens wider. Ich habe versucht, die unterschiedlichen Ansätze in eine ganzheitliche Form zu gießen, die Komplexität zulässt und dennoch Orientierung gibt. Denn um unsere Einstellung und unser Verhalten zu verändern, benötigen wir neben der Einsicht über die Bedeutung eines Themas auch konkrete Anhaltspunkte zur Steigerung der Selbstwirksamkeitsüberzeugung.

Im nächsten Kapitel geht es um theoretische Grundlagen aus der Psychologie und Integrativen Gestalttherapie. Danach widme ich mich dem Konzept und der Umsetzung von GESUND FÜHREN in der Personalentwicklung.

4. GESTALTPSYCHOLOGIE UND GESUNDHEITSFÖRDERLICHE FÜHRUNG

4.1. Beratungsverständnis und integrative Gestalttherapie

OrganisationsberaterInnen fokussieren auf Arbeitsprozesse, -abläufe und Strukturen und steuern dabei Fach- und Prozesswissen bei. PersonalentwicklerInnen und TrainerInnen haben unter anderem Themen wie Führung, Teamentwicklung, Fachkompetenzen und soziale Kompetenzen im Blick. ArbeitsmedizinerInnen achten auf physische und immer mehr auch auf psychische Bedingungen und Auswirkungen von Arbeit. SicherheitsexpertInnen sorgen mittels Know-how, Begehungen, Audits etc. für Vorkehrungen und Vorschriften für möglichst sichere Arbeitsbedingungen. Viele unterschiedliche Brillen und Ansätze sind nötig, um eine Organisation gesund zu gestalten, die Kooperation unterschiedlicher Professionen ist daher unumgänglich.

Dabei profitieren viele Einsatzbereiche im Bereich der Organisationsberatung und -entwicklung sowie der Personalentwicklung von psychologischer und psychotherapeutischer Kompetenz, z. B. in der prozessualen Diagnostik bei Teamentwicklungsmaßnahmen und durch das hohe Prozess-Know-how, das PsychologInnen und PsychotherapeutInnen mitbringen. Gleichzeitig sind diese als BeraterInnen in Organisationen gefordert, ihr Verständnis von persönlichen und gruppendynamischen Prozessen im Systemkontext der Organisation anzuwenden. Es gilt, in der Diagnostik von Problemstellungen und im Verlauf eines Prozesses in Unternehmen das kulturelle Subsystem (Identität, Strategie und Programme), das soziale Subsystem (Struktur, Menschen, Gruppen, Führung, Betriebsklima und Einzelfunktionen) und das technisch-instrumentelle Subsystem (Prozesse, Abläufe, physische Mittel) mitzudenken (vgl. Glasl, F., 2011) und proaktiv in Kooperation mit den jeweils kompetenten AnsprechpartnerInnen zu gehen.

Die Wurzeln meines persönlichen Beratungsverständnisses liegen im Konzept der Integrativen Outdoor Aktivitäten®, der ersten Trainings- und Beratungsausbildung, die ich 1995–1998 absolviert habe und in deren Universitätslehrgang ich seit 2009 als Lehrtrainerin tätig bin. Naturgemäß hat mich die Ausbildung zur Psychologin und Integrativen Gestalttherapeutin in meinem Leitungsverständnis und meiner Arbeitsweise sehr geprägt.

In der Folge werde ich aus den Integrativen Outdoor-Aktivitäten® und der Integrativen Gestalttherapie ein für mich durchgängig als Hintergrundrepertoire zu verstehendes, grundlegendes Modell vorstellen und seine Anwendung skizzieren.

Das Kreisdiagramm der Integrativen Outdoor-Aktivitäten® ist in seiner Komplexität und gleichzeitigen Klarheit in Beratungsprozessen eine innere Landkarte. Im Verlauf eines Prozesses können so (anlassbezogen) immer wieder die Einflussfaktoren auf Rahmenbedingungen, Situationen und Verha ten auf den unterschiedlichen Ebenen reflektiert werden. Das Modell ist wie eine Schablone im Hintergrund, zu der immer wieder, manchmal bewusst reflektiert, manchmal wie von selbst, Assoziationen hergestellt werden. Diese Assoziationen und Verbindungen ergeben dann ein, um beim Bild der Landkarte zu bleiben, immer dichter werdendes Netzwerk aus Straßen und Gassen. Zusammenhänge werden besser verständlich, was wiederum die Handlungsoptionen des Beraters/der Beraterin kla-er werden lässt.

Was ich nicht mehr weiß!
Geheimste Motive

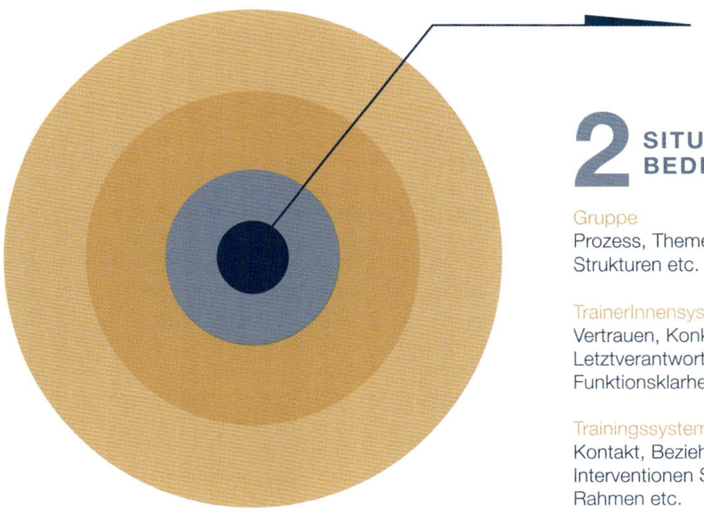

1 METHODEN INTERVENTION

2 SITUATIVE BEDINGUNGEN

Gruppe
Prozess, Themen, Ziele, Strukturen etc.

TrainerInnensystem
Vertrauen, Konkurrenz, Letztverantwortung, Funktionsklarheit etc.

Trainingssystem
Kontakt, Beziehung, Interventionen Struktur, Rahmen etc.

LeiterIn
Personthemen aus anderem Funktionsverständnis

TeilnehmerIn
Themen, Muster Ziele, Funktion, Lernen, Körper, Geschlecht, Kompetenzen etc.

Natur
Sicherheit

4 GRUNDANNAHMEN

- Menschenbild
- Lerntheorien
- Erkenntnistheorien
- Ethische Grundpositionen
- Wissenschaftstheorien
- Pädagogische Theorien
- Psychologische Theorien
- Gesellschaftspolitische Orientierung
- Anthropologische Grundannahmen

3 RAHMEN UND AUFTRAGSBEDINGUNGEN

- Ressourcen
- Seminarort Umgebung
- Transfer
- TrainerInnenkompetenz
- TeilnehmerInnenkompetenz
- Zielgruppe
- Auftrag

Abb.: Kreisdiagramm Integrative Outdoor-Aktivitäten®

Neben der Zusammenschau dieser Ebenen erscheint Nevis Anwendung des Gestaltmodells zur Erforschung funktionaler und dysfunktionaler Kontaktmomente, Strukturen und Prozesse in Organisationen als eine weitere hilfreiche Brille.

Nevis bezieht sich in seinen Ausführungen auf das Gestaltkonzept der Grenzen, auf Beziehungen zwischen den Teilen und dem Ganzen und auf das Modell des Zyklus des Erlebens. In seinem Konzept konzentriert sich die Arbeit von BeraterInnen auf die Bewusstheitsphase der systemeigenen Zyklen und erwirkt im besten Fall erstens durch die Systemveränderung (durch den Eintritt des Beraters/der Beraterin in das System) und zweitens durch entsprechende Interventionen Veränderungen in typischen, dysfunktionalen Kontaktzyklen in der Organisation. Dabei ist der Vertrag mit dem/der BeraterIn das eigentliche Experiment und der Gegenstand der Betrachtung (vgl. Nevis, zitiert nach Wheeler, G., 1993, S. 119–120).
Dieser Ansatz kann insofern ständiger Begleiter der Beratungsarbeit sein, als man damit den Kontaktprozess- und Beratungsprozess im Ganzen wie in seinen einzelnen Sequenzen auch hinsichtlich der jeweiligen Kontaktfunktionen im Auge behalten kann. In jeglicher Kommunikation (bei Besprechungen, Telefonaten und im Mailverkehr) mit Stakeholdern und Beteiligten läuft implizit die Beobachtung von Kontaktmomenten mit.

In dieser Form der prozessualen Diagnostik anhand des Kontaktmoments werden z. B. die Art und Weise, wie der Kontrakt zustande kommt, wie seine wechselseitigen Bedingungen ausfallen, welche ausgesprochenen und unausgesprochenen Erwartungen an den/die BeraterIn gestellt werden, welche Themen ‚tabu' sind, wie die Zusammenarbeit verläuft usw. beobachtet.
Es stellen sich Fragen wie: „An welchen Stellen im Beratungsprozess gibt es Klarheit, wo treten Brüche und Grenzen auf? Wie gestaltet sich die Auftragsklärung und Auftragserteilung? Wie werden Vereinbarungen eingehalten und wie wird mit Abweichungen umgegangen?
Dazu begleiten den Prozess Fragen wie: „Wie wertschätzend ist die Kommunikation? Welche Nuancen sind wahrnehmbar? Welcher Stellenwert wird der Beratung zugeschrieben? Was könnte das mit den handelnden Personen, mit der Abteilung, mit der Organisation zu tun haben?"

Gleichzeitig wirkt die Art und Weise des Kontakts, der dem/der BeraterIn angeboten wird, auf diesen/diese als Person. „Welche Impulse und emotionale Reaktionen tauchen bei mir auf? Was davon ist ‚mein eigenes Thema', was sind mögliche Projektionen auf mich bzw. bei welchen meiner Impulse könnte es sich um Gegenübertragungsphänomene handeln?" Für mich als Beraterin ist es wichtig, in solchen Situationen aus einer professionellen Haltung heraus zu handeln und nicht aus einer persönlichen Betroffenheit oder impulsartigen Reaktion. Intervision und Supervision sind dabei hilfreiche Begleiter.

Im Verlauf eines Prozesses kommt es häufig an speziellen Punkten zu Herausforderungen, die Spiegelbilder des Systems und/oder der handelnden Personen als Teil des Systems sein können. Gut bearbeitet werden sie oft zum Schlüssel für die Weiterentwicklung in der Organisation, manchmal ist hier aber auch die Grenze der Beratung erreicht. Als Richtschnur gilt, dass dort, wo keine Herausforderungen auftreten, zumeist auch wenig Entwicklung stattfindet. Herausforderungen dagegen stellen sich immer wieder als krisenhaft dar. Denn dort, wo der Kontakt brüchig wird, ist die Anschlussfähigkeit nicht mehr hinreichend gegeben und Lernen ist nur schwer möglich. Daher versuche ich, in den Prozessen, die ich begleite, so „anders“ wie möglich und so „ähnlich“ wie nötig zu sein, um Lernen auf Person-, Team- und Organisationsebene zu ermöglichen. Dabei muss immer gewährleistet sein, dass meine ethischen Prinzipien auf Basis meines Menschenbildes in meiner Arbeit haltbar sind. Dazu gehört z. B. in Prozessen immer (nur) so weit zu gehen, wie ich mich kompetent und bereit fühle, eine professionelle Begleitung zu übernehmen, und das in meinem Auftrag vorgesehen und möglich ist.

Einem sehr spezifischen Anwendungsfeld des Kontaktzyklus, mit der Option, dabei Muster zu identifizieren und Handlungsmöglichkeiten zu erweitern, möchte ich das nächste Kapitel widmen.

4.2. Gesunde Gespräche entlang des Kontaktzyklus

In der inhaltlichen Arbeit mit Führungskräften zum Thema GESUND FÜHREN ist der Bereich Kommunikation wesentlich. Neben Aspekten wie Wertschätzung, Klarheit etc. ist in jedem Gespräch, jedoch ganz besonders bei der Durchführung von Gesundheitsgesprächen, die Art und Weise, wie Kontakt stattfindet und dessen Verlauf, entscheidend.

Das Kontaktmodell als eine mögliche Landkarte der Wirklichkeit entspricht einem natürlichen, zeitlich-rhythmischen Ablauf im Kommunikationsgeschehen (vgl. dazu Fuhr, R., und Gremmler-Fuhr, M., 2004). Wir beziehen uns in der Folge auf den Kontaktaspekt, der sich in der Kommunikation zwischen Menschen abspielt. Kontaktunterbrechungen und -störungen wie z. B. die Konfluenz, Introjektion, Projektion und Retroflektion werden von Wheeler überarbeitet und als Erweiterung des Perlsschen Widerstandsmodells als Kontaktfunktionen bezeichnet.

„Den Definitionen von Grenzen, von Organismus-im-Feld zufolge ist immer irgendeine Mischung beider notwendig, damit Kontakt überhaupt Gestalt annehmen und bemerkt werden kann" (Wheeler, G., 1993, S. 125).

Wheeler stellt dabei als polare Ergänzungen z. B. den Widerstand/die Differenzierung der Konfluenz gegenüber, die Projektion der Zurückhaltung und Nüchternheit, die Retroflektion dem Austausch/der Begegnung etc. Je nach (Über- oder Unter-)Entwicklung der jeweiligen Kontaktfunktionen und der Leichtigkeit der Bewegung zwischen den Polen in Anbetracht der jeweiligen Situation und des jeweiligen Ziels können die Kontaktfunktionen einen guten Kontakt erleichtern oder behindern. Das Modell der Kontaktfunktionen lässt die Situationsadäquatheit des Kontakts im unternehmerischen Kontext deutlich werden (vgl. Wheeler, G., 1993).
So werden im Seminar Gesundheitsgespräche entlang der vorgestellten geeigneten Dialogformen nicht nur theoretisch besprochen, sondern auch in Form von Rollenspielen ausprobiert und reflektiert. Um die Bedeutung eines gelungenen Kontaktzyklus in der Beziehungsgestaltung deutlich zu machen, zeichne ich ein Flipchart mit einem „Kontakt- und Gesprächsbogen".

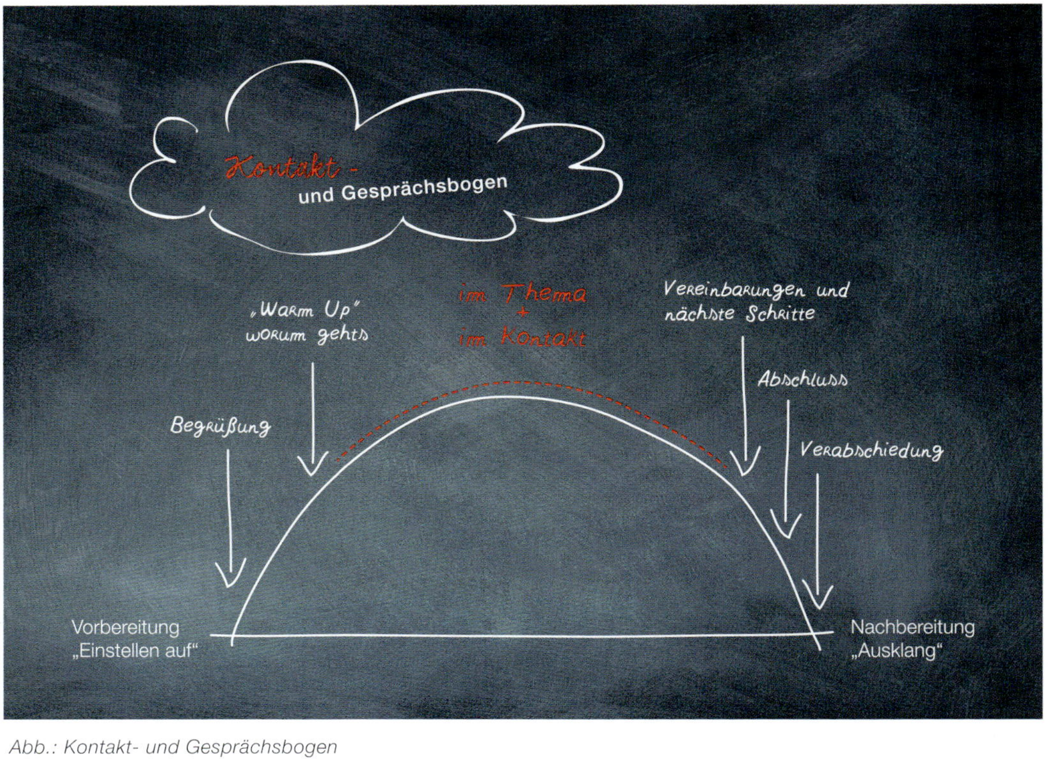

Abb.: Kontakt- und Gesprächsbogen

Der Kontaktbogen entspricht dem gestalttherapeutischen Kontaktzyklus, wenn auch die einzelnen Phasen nicht als solche, sondern nach einem, Führungskräften geläufigen Sprachgebrauch benannt sind. Die Vorbereitung, das Einstellen auf das Gespräch und die Begrüßung entsprechen dem „Vorkontakt“, das Warm-up und das Strukturieren der Phase des „Kontaktnehmens“, oder wie Dreitzel (2004) es „Orientierung und Umgestaltung“ nennt, ist der Mittelteil des Bogens (im Thema und im Kontakt) und entspricht dem „Kontaktvollzug“, und Vereinbarungen, nächste Schritte, Abschluss/Ausklang und Nachbereitung entsprechen dem „Nachkontakt“.

Es ist einleuchtend, dass es einem Gespräch zuträglich ist, wenn die Phasen in stimmiger Weise aufeinandertreffen. Gleichzeitig wird bei den Rollenspielen sehr häufig sicht- und spürbar, in welcher Phase des Kontakts es „rund“ läuft und in welcher Phase Schwierigkeiten auftreten.
Der Bogen gibt einem Gesprächsverlauf etwas Plastisches und Vorstellbares. In der Reflexion der Rollenspiele und beim Feedback an die TeilnehmerInnen gibt der Kontaktbogen eine wunderbare Struktur und Stütze, auf die man sich beziehen kann. Die Führungskräfte können sich in diesem Bogen gut orientieren und dabei eigene Stärken und Entwicklungsfelder orten.

Immer wieder stelle ich fest, dass Führungskräfte nach einem solchen Rollenspiel sagen: „Genau das ist mein Problem – ich falle immer mit der Tür ins Haus“ oder „Ja, das kenne ich von mir, dass ich mich nicht traue, die Dinge konkret genug anzusprechen“ oder „So geht es mir öfter, wir haben ein intensives, gutes Gespräch, aber am Ende keine konkreten Vereinbarungen“. Zugrunde liegende Muster werden auf diese Weise häufig angesprochen. Ohne explizit auf die Kontaktfunktionen einzugehen, können wir dann sehr häufig auf der Verhaltens- oder Haltungsebene Lösungen finden. Das sieht dann z. B. so aus, dass wir Strategien finden, die beim Erkennen und Verändern eines solchen Musters helfen, wie z. B. sich vor dem Gespräch kurz Zeit nehmen, um sich zu sammeln, oder im Gespräch selbst dann die Atmung oder die Körperhaltung bewusst verändern.

Beim Beobachten anderer Gespräche lernen die Führungskräfte wie „Trittbrettfahrer“, wie man die einzelnen Kontaktphasen in Gesprächen noch gestalten kann.

Während im Seminar in der Regel auf der Verhaltens- und Haltungsebene gearbeitet werden kann, kommen im Einzelgespräch in der Pause oder beim Personal Follow-up nach dem Seminar manchmal Hintergründe spezifischer Kontaktmuster zur Sprache. Im Personal Follow-up können diese im vertraulichen Coaching weiter bearbeitet werden.

4.3. Begegnung, Kontakt und Zuhören

Ein weiterer Aspekt und eine Frage, für die Führungskräfte sensibilisiert sein sollten, ist: Wie sehr lasse ich mich auf meine/n GesprächspartnerIn ein? Wie sehr höre ich „wirklich“ zu? An dieser Stelle sei auf die in Kapitel 3.1. beschriebenen „Feldstrukturen der Aufmerksamkeit“ von Scharmer (2008) verwiesen, anhand derer man das Zuhören exemplarisch thematisieren kann.

Die eine Seite: Manche Menschen bereiten sich auf Gespräche nicht oder nur rudimentär vor, sie lassen „es auf sich zukommen“ und sind sich nicht im Klaren über die eigenen Ziele und Vorstellungen. Das Gespräch selbst verläuft lebendig und angenehm, in seiner Richtung aber auch beliebig und ohne Ergebnis. Die andere Seite: Jemand hat sich sehr exakt auf ein Gespräch vorbereitet, der Person ist klar, welches Setting hilfreich ist, welche Ziele verfolgt werden, welche Strategie anzuwenden ist ..., aber im Gespräch selbst werden die Aussagen des Gegenübers nicht gehört und die Atmosphäre wird nicht gespürt. Das Gespräch bringt ein Ergebnis zustande, mit dem letztlich beide Parteien unzufrieden sind. Erst die Kombination von Vorbereitung und Präsenz ermöglicht im professionellen Kontext ein gutes Ergebnis bei guter Beziehung.

Es geschieht häufig, dass man sich gut vorbereitet, mit guter Absicht in ein Gespräch geht, dann aber nicht „wirklich“ in Kontakt tritt, weder mit sich noch mit dem/der GesprächspartnerIn. „Türen“ zu erkennen, die mir mein Gegenüber zeigt, und diese dann zu öffnen, bedarf einer persönlichen Öffnung und einer Hinwendung zum/zur anderen.

Die Qualität des „Ganz-da-Seins“ und Einlassens wird in einem wunderbaren Interview mit Laura Perls mehr als deutlich:

„**Laura:** *Was Buber ‚Begegnung‘ nannte, nennen wir Kontakt, d. h. die Wahrnehmung und Auseinandersetzung mit den anderen als den anderen.* **Milan:** *Kontakt findet an der Grenze statt ...* **Laura:** *Ich mache Kontakt an der Grenze zwischen mir und dem anderen an dem Ort der Berührung und der Trennung.*

Milan: *Kontakt ist also eine Aktivität mit einem Rhythmus von Berühren und Loslassen, wobei die Kontaktgrenze sozusagen eine Abstraktion dieser Prozesse ist?* **Laura:** *Ja, ich nehme Kontakt auf, indem ich dich zur Kenntnis nehme und mich mit dir auseinandersetze – hier zeigt die deutsche Sprache sehr zutreffend die Bedeutung der Kontaktgrenze – und indem ich uns in Aktion erlebe. Ja, das ist ein Hin- und Her-*

schwingen zwischen ‚Ich' und ‚Du'. Die Kontaktgrenze ist die Zone der Erregung, des Interesses und der Neugier, aber auch der Unsicherheit, der Furcht und der Feindseligkeit" (Sreckovic, M., 2005, S. 179).

Pechtl betont die Bedeutung des Kontakts in Organisationen und schreibt über Kontakt wie folgt: *„Über Beziehungen wird meist in jeglicher Bedeutung im Übermaß geredet. Kontakt wird zwar fein auf die Zunge genommen, aber Kontakt als tiefe Austauschform von echten Zuwendungen zu begreifen, ist wenigen autonomen Personen vorbehalten. Kontakt ist, wo Herztöne laut und vernehmlich werden, wo das Atmen synchron in seiner Frequenz verläuft, wo funkelnde Augen leuchten ... Kontakt haben heißt, den Rhythmus, den Takt mit Fremden, Partnern und Mitarbeitern zu finden, taktvoll zu sein und zur ‚richtigen' Zeit das ‚Richtige' zu tun. Kurz formuliert bedeutet dies, Taktgefühl zu haben, nicht Eintakter zu sein, sondern zumindest die Fähigkeit, lustvoll und konfliktbereit zweitaktige Beziehungen zu pflegen" (vgl. Pechtl, W., 1995, S. 67).*

Im Seminar wird in diesem Zusammenhang immer wieder der von Laura Perls angesprochene Aspekt der Furcht und Unsicherheit thematisiert. „Was mache ich, wenn mir der Mitarbeiter Dinge erzählt, für die ich keine Lösung habe?" Die vielfach gelernte und häufig hilfreiche Strategie, sofort Lösungen zu produzieren, schlägt in Gesprächen oft fehl. Das Gegenüber fühlt sich weder gehört noch verstanden. Führungskräfte sind hier in besonderem Maße gefordert, die Pole „Lösungszentriertes Herangehen an ein Problem" und „Im-Moment-da-Sein" (und alleine damit bereits soziale Unterstützung anzubieten) zu integrieren. Die Tendenz liegt jedoch bei den meisten Führungskräften eher darin, sehr lösungsorientiert an Gespräche heranzugehen. Das liegt in ihrer beruflichen Sozialisation begründet und ist prinzipiell eine sehr hilfreiche Strategie. Erweitert sich der Handlungsspielraum in Richtung Präsenz und Kontakt, können auch herausfordernde Gesprächssituationen und Gesundheitsgespräche noch besser durchgeführt werden. In Bezug auf Gesundheitsgespräche hilft es Führungskräften meist, wenn sie darüber informiert werden, dass sie z. B. bei gesundheitlichen Problemen eines Mitarbeiters/einer Mitarbeiterin keine Lösungen für diese entwickeln müssen, sondern

- dass es eine (stressreduzierende) soziale Unterstützung darstellt, wenn sie sich Zeit zum Zuhören nehmen;
- dass sie dann auch ganz bewusst auf die arbeitsbezogenen Beanspruchungen und Lösungsansätze fokussieren können;
- dass es hilfreich ist, dem/der MitarbeiterIn betriebliche Unterstützungsangebote zur Verfügung zu stellen (Betriebsarzt/-ärztin, Rückengymnastik, Gesundheitscoaching ...);

- dass sich Führungskräfte auch abgrenzen dürfen, wenn es ihnen zu viel ist („ich verstehe, ... aber weißt du, das musst du mir nicht erzählen ... lass uns doch mal schauen, wie wir gemeinsam mit der Situation umgehen können“);
- dass sich Führungskräfte in herausfordernden Situationen auch selbst Unterstützung holen können (Intervision und kollegiale Beratung, Coaching etc.).

Für einen gelungenen Kontakt und Kontaktprozess ist Awareness die zugrunde liegende Basis.

4.4. Achtsamkeit & das „Hier und Jetzt“

„Der moderne Mensch lebt in einem Zustand geringer Vitalität. ... Er verbringt endlose Stunden damit, die Vergangenheit zu rekapitulieren oder die Zukunft zu gestalten. Seine gegenwärtigen Aktivitäten sind nichts als lästige Pflichtübungen, die er hinter sich bringen muss. Zuweilen ist er sich der Tätigkeiten des Augenblicks nicht einmal bewusst“ (Perls, F., 1985, S. 13).

Awareness ist mit Gewahrsein, Konzentration, Erkenntnis, Bewusstheit oder Bewusstsein zu übersetzen. Das Wesen des Bewusstseins ist vielgestaltig und mehrdeutig. Es zu erforschen, führt Neurophysiologie, Psychologie und Philosophie an ihre Grenzen.

Das Bewusstsein ist nicht allein durch objektivierende Ansätze zu verstehen: *„Das Problem des Bewusstseins bildet heute – vielleicht zusammen mit der Frage nach der Entstehung unseres Universums – die äußerste Grenze des menschlichen Strebens nach Erkenntnis. Es erscheint deshalb vielen als das letzte große Rätsel überhaupt und als die größte theoretische Herausforderung“ (Metzinger, in: Walch, S., 2002, S. 152).*

In der Literatur findet sich in den letzten Jahren zunehmend der Begriff der Bewusstheit wieder, der mehr den personalen Aspekt von Awareness betont. Konzentration hingegen hat mit den Wurzeln der Gestalttherapie zu tun, da diese ursprünglich „Konzentrationstherapie“ heißen sollte und der Fokus – wie auch beim Achtsamkeitsmodus, um den es gleich gehen wird – auf dem Figuraspekt liegt.

Die beiden Hauptmodi im gestalttherapeutischen Verständnis von Awareness sind Achtsamkeit und Gewahrsein.

Achtsamkeit als hauptsächlich figurzentrierter Modus von Awareness meint nach Gremmler-Fuhr das *„Richten der Aufmerksamkeit auf das unmittelbar Wahrzunehmende, auf Empfindungen, Gefühle, Vorstellungen und Gedanken ebenso wie auf sinnliche Eindrücke der ‚Außenwelt'" (Gremmler-Fuhr, M., in: Gremmler-Fuhr et al., 1999, S. 381).*

Achtsamkeit bedeutet nach K. Jon Kabat-Zinn, *„auf eine bestimmte Weise aufmerksam zu sein, bewusst, im gegenwärtigen Augenblick und ohne zu urteilen".*

Er meint damit die Präsenz in jedem Augenblick, ein *„Im-Moment-Sein"* und Wahrnehmen dessen, was gerade JETZT in unserem Leben stattfindet. Im Gegensatz dazu, sich Sorgen oder Gedanken über die Zukunft zu machen oder in der Vergangenheit zu leben, ermöglicht das „Hier und Jetzt" ein ganzheitliches Erleben mit allen Sinnen, das die Körperwahrnehmung und die Erforschung unserer Gedanken und Gefühle als wesentlichen Aspekt mit einbindet (vgl. Kabat-Zinn, 2010). Der Molekularbiologe entwickelte in den 70er-Jahren an der Medizinischen Fakultät der Universität von Massachusetts dazu ein einfaches, weltanschaulich neutrales und sehr wirksames Achtsamkeitstraining: MBSR (Mindfulness Based Stress Reduction) – Stressbewältigung durch die Praxis der Achtsamkeit. MBSR ist eine mittlerweile durch zahlreiche Studien erforschte Methode, um Stress abzubauen. MBSR wird auch in Psychosomatischen Kliniken und bei chronischen Schmerzpatienten sehr erfolgreich angewandt und in Acht-Wochen-Kursen ambulant angeboten.

MBSR geht weiter als klassische Methoden zur Stressregulation wie einfache Entspannungstechniken (wie z. B. Muskelentspannung nach Jacobson, Autogenes Training etc.), indem auch Glaubenssätze und innere Antreiber hinterfragt werden. Durch ein tägliches Üben von Achtsamkeit soll sich insgesamt die innere Grundhaltung zum Leben und die gesamte Lebensqualität verbessern. Achtsamkeit wirkt sich entspannend auf den Geist aus, was wiederum positiv auf den Körper wirkt.

Durch das Erlernen einer Haltung von Freundlichkeit und Mitgefühl uns selbst gegenüber lernen wir, bei uns selbst „zu Hause" zu sein. Durch die daraus folgende Zentrierung und Präsenz können wir Beziehungen zu anderen Menschen im beruflichen oder privaten Kontext besser wahrnehmen. In der Kommunikation fällt es leichter, wirklich zuzuhören und sich klar, aber nicht vorwurfsvoll oder versteckt aggressiv auszudrücken. Dadurch wird unser Handlungsspielraum in jedem Augenblick größer. In der Führungsarbeit, in der Beziehungsgestaltung eine Kernkompetenz ist, wirkt sich eine achtsame Haltung unmittelbar auf die MitarbeiterInnen aus. Diese fühlen sich besser wahrgenommen, wertgeschätzt und wissen, woran sie sind.

Während Achtsamkeit stark mit dem Prinzip des „Hier und Jetzt“, dem unmittelbaren Erleben und dem Sinnlichen in Verbindung steht, zeichnet sich Gewahrsein eher durch eine Qualität der Weite, Ruhe und Wachheit aus.

4.5. Mittlerer Modus & Intuition in der Führungsarbeit

Gewahrsein bezieht sich auf den Zusammenhang zwischen Figur und Hintergrund. Es *„bezeichnet das unmittelbare Wahrnehmen und Erkennen von umfassenden Zusammenhängen“ (Gremmler-Fuhr, M., in: Fuhr, R., et al., 1999, S. 382).* Es ist nicht auf Einzelheiten, sondern auf das Gesamte gerichtet und erfasst mittels Intuition komplexe Situationen und Zusammenhänge (vgl. Gremmler-Fuhr, M., in: Fuhr, R., et al., 1999). Gewahrsein wird von Gremmler-Fuhr auch folgendermaßen beschrieben: *„Es ist das Involviertsein in das Geschehen mit Empfindungen, Gefühlen, Gedanken und Vorstellungen, ohne von dem, was momentan zur Figur wird, gefesselt zu sein“ (in: Fuhr, R., et al., 1999, S. 382).*

Der Mittlere Modus ist ein Bewusstseinsmodus, der vor jeglicher Differenzierung in Polaritäten liegt. Er unterstützt die davor genannten Modi der Achtsamkeit und das Wahrnehmen des „Hier und Jetzt“ und setzt sie gleichzeitig voraus. Während Achtsamkeit von einer mehr oder weniger deutlichen Intentionalität getragen wird, ermöglicht uns der Mittlere Modus einen Zugang zum Seinsgrund unseres „In-der-Welt-Seins“. Das Loslassen von allen Identifikationen lässt eine Offenheit des Selbst für eine fruchtbare innere Leere entstehen. Der Mittlere Modus in der Gestalttherapie ist damit nach Frambach auch die Tür zum Spirituellen (vgl. dazu Gremmler-Fuhr in: Fuhr, R., et al., 1999).

Intuition leitet sich ab vom lateinischen „intueri“, das „Anschauen“ bedeutet. Dieses „Anschauen“ meint ein ganzheitliches Wahrnehmen von Situationen und der Welt, im Gegensatz zum diskursiven Verstand, mit dem wir Themen analytisch betrachten. Intuition ist eine natürliche Fähigkeit, wie Denken, Fühlen oder Handeln.
Da der Begriff der Intuition schwer zu definieren ist, wird er von Quantenphysikern von den Phänomenen her beschrieben, die auch der Intuition zugrunde liegen. Die Annahme der geistigen Dimension wird hier verifiziert.

„Mit Hilfe der Intuition greifen wir auf ein größeres Wissen zu, das nichts mit unserem privaten Wissen zu tun hat, es ist die Sichtweise in die größere Welt“, sagt Quantenphysiker Prof. Dr. Hans-Peter Dürr in einem Interview (Bohnefeld, U., Gonschior, T., 2011).

„Zen-Meister Rinzai fragt: ‚Und was werdet ihr finden? Nichts als Worte, und mögen sie noch so vortrefflich sein. Ihr werdet (die Wirklichkeit) nie erreichen. Macht keinen Fehler'" (Obermayr-Breitfuss, R., 2009, S. 62).

Weitgehend Einigkeit besteht allerdings darin, dass Intuition dem geistigen Bereich zugeordnet ist, wobei sie sich in drei Dimensionen zeigt: im Denken, in Empfindungen und im Handeln. Beim Intuitionskongress 1997 in Berkeley, Kalifornien, definierte das Mikel Mikel Institute: *„Intuition is a clear knowing without being able to explain, how one knows!"* (Obermayr-Breitfuss, „Intuition – Theorie und praktische Anwendung", 2005).

Steve Jobs sagte: *„Intuition ist ein sehr mächtiges Instrument, meines Erachtens viel mächtiger als der Intellekt. Dies hat heute einen großen Einfluss auf meine Arbeit. (...) Der Geist arbeitet langsamer, und man erkennt eine enorme Weite im Augenblick. Man sieht so viel, was man bereits hätte sehen können. Das ist eine Disziplin, in der man sich üben muss" (Walter Isaacson, „Steve Jobs", 2011).*

Wichtig ist, nicht in ein „Entweder-Oder-Denken" zwischen Ratio und Intuition zu verfallen und demnach Entscheidungen nur aus rationalen Gesichtspunkten oder aus der Intuition heraus zu treffen. Erfahrene und erfolgreiche Manager berichten, dass eine Kombination aus beiden Qualitäten beste Entscheidungsergebnisse liefert. Ken Wilber beschreibt in seinem Buch „Integrale Spiritualität" (2007) eine post-rationale Spiritualität, die beim klaren Denken und Beobachten ansetzt, in der Folge aber darüber hinausgeht. Ähnlich beschreiben Führungskräfte Entscheidungsprozesse, bei denen sie zunächst alle Fakten prüfen und dann, in einem Zustand innerer Zentriertheit, ihr „Bauchgefühl" zu den erarbeiteten Alternativen befragen.

Intuitive Intelligenz gilt als eine hohe Kompetenz, weil Situationswahrnehmung und Handlungsentscheidung eng miteinander verknüpft sind. Komplexe Zusammenhänge werden unmittelbarer überschaut, und die Handlungsimpulse ergeben sich wie von selbst. Dabei stimmen Signale aus Körper, Geist und Emotionen überein, und es entsteht ein Eindruck von „Stimmigkeit". Intuition zeigt sich häufig in analoger Weise, in Bildern, einer Körperempfindung, einem unvermittelten Wissen oder plötzlichen Einfall sowie dem Bedürfnis, eine bestimmte Handlung auszuführen.
Da solche Signale auch aus dem Wunschdenken oder von Befürchtungen kommen können, ist es hilfreich, sich der inneren Prozesse in einer achtsamen Haltung bewusst zu werden und Intuition kritisch zu reflektieren und zu überprüfen, bevor man Entscheidungen umsetzt. Denkqualitäten sind unterschiedlich und lassen sich voneinander differenzieren. So sind mit Wünschen/Phantasien andere Gefühle und Bilder

verknüpft als mit Erinnerungen und damit verbundenen Assoziationen.
Sich durch Achtsamkeits- oder meditative Übungen zu zentrieren, intuitionsfördernde Fragen zu stellen und ein Setting zu schaffen, in dem Intuition auftauchen kann, können weitere Aspekte sein, die diese Ressource zugänglich machen.
In dieser Weise wird es Führungskräften möglich, komplexe Situationen durch ein Kompendium an rationalen und intuitiven Methoden sicherer und stimmiger zu bewältigen.

Den eigenen Zugang zur Intuition zu schulen und zu pflegen, hat mit Selbst-Pflege und damit zu tun, mit sich und dem eigenen Wesenskern in Kontakt zu sein. Führungskräfte wissen, dass viele Situationen zu komplex und vielschichtig sind, um rein kognitiv, auf Basis „harter Faktoren" Entscheidungen zu treffen. Intuition allerdings von eigenen Mustern, Wünschen oder Befürchtungen zu unterscheiden, ist wesentlich, um die eigene Intuition für Entscheidungen hilfreich zu Rate ziehen zu können. Damit sind wir bei der Fähigkeit zur Introspektion und Reflexion, die uns ermöglichen soll, uns selbst möglichst gut kennenzulernen.

Für Führungskräfte sind also beide Qualitäten hilfreich:

- △ Achtsamkeit und das Einlassen auf das Hier und Jetzt und das Eintauchen in eine aktuelle Herausforderung mit allen Sinnen, aller Konzentration und allen explizit und implizit zur Verfügung stehenden Kompetenzen;
- △ der Mittlere Modus und das (intuitive) Erfassen von (zu) komplexen Zusammenhängen, um zu gänzlich neuen, anderen Lösungen zu kommen.

Achtsamkeit wird durch eine bewusste Hinwendung zum Jetzt unterstützt. Der Ansatz des Hier und Jetzt, der aktuellen Erfahrung dessen, was wir unmittelbar wahrnehmen, bringt uns direkt in die Phänomenologie.

„Wenn wir etwas verstehen wollen, sollten wir es nicht nur beobachten, sondern müssen tief hineintauchen, es durchdringen und mit ihm eins werden" (Walch, S., 2011, S. 13).

Genau das vermittle ich in Seminaren auf kognitiver Ebene, indem ich eine Zeitschiene darstelle und dann mit der Gruppe gemeinsam erarbeite, worauf sich immer wiederkehrende Gedanken (Gedankenkreisen) beziehen. Dabei kann es sich um ein misslungenes Projekt in der Vergangenheit oder um Ängste, die Zukunft betreffend, handeln. Es wird herausgearbeitet, worauf sich diese beiden Gedankenkreise beziehen und welcher mögliche Zusammenhang zwischen ihnen besteht, z. B. wenn Misserfolgserfahrungen zu Zukunftsängsten führen.

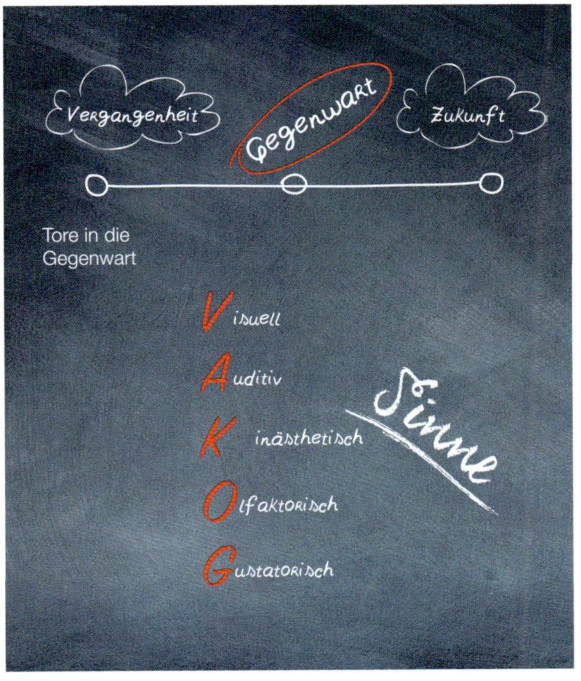

Abb.: Tore in die Gegenwart

Durch diese Heranführung an das Thema können wir uns für die Bedeutung des Moments und der Gegenwärtigkeit sensibilisieren. Im ersten Schritt vermittle ich als „Tore in die Gegenwart" unsere leibliche Wahrnehmung durch unsere Sinne. Im VAKOG-Modell (siehe oben stehende Abbildung) werden diese unspektakulär und doch einprägsam aufgelistet. In der Folge erarbeiten wir gemeinsam Möglichkeiten, im (Berufs-)Alltag mithilfe der Sinne wieder in den Moment, ins Hier und Jetzt zurückzukommen. Beispiele, die dabei oft genannt und als „alltagstauglich" bewertet werden, sind Durchatmen, ein Glas Wasser trinken, kurz an die frische Luft gehen oder das Fenster öffnen und bewusst durchatmen, sich bewusst durchstrecken oder kurz die Schultern anheben und dann wieder fallen lassen etc. Einige dieser Möglichkeiten werden sofort im Anschluss ausprobiert.

Durch eine gemeinsam durchgeführte **Entspannungsübung** (Progressive Muskelrelaxation nach Jacobson) auf einer Matte, d. h. durch gezielte Muskelan- und entspannung, Lenken der Aufmerksamkeit auf die Atmung und Wahrnehmen der Kontaktstellen des Körpers mit der Matte wird die Aufmerksamkeit auf die verschiedenen Bereiche und Empfindungen des Körpers gelenkt. Aus dieser Übung lassen sich leicht kleine alltags- und bürotaugliche Sequenzen entnehmen, die das „Körperspürbewusstsein“ im Alltag fördern. Der **Bodyscan,** eine Übung aus MBSR, ist eine einfache und wirksame Schulung dieses „Ganz-da-Seins“ und des Wahrnehmens ohne automatisierte Bewertung. Dabei geht man alle Körperregionen der Reihe nach durch, beginnend mit dem linken Fuß (große Zehe, kleine Zehe, die Zehen dazwischen, Fußrücken, Fußsohle, Ferse, Knöchel, Wade, Schienbein, über die Hüfte ins rechte Bein bis zu den Füßen hinunter; dann wieder hinauf, über das Becken und die Wirbelsäule den Rücken entlang zu den Schulterblättern, zur rechten Schulter, den Oberarm-Ellbogen-Unterarm entlang bis zur Hand und wieder retour bis zur linken Schulter bis zur linken Hand und zurück, dann über den Nacken zu Kopf, Gesicht, Hals, Brust, Bauch, Bauchraum und zu den inneren Organen, dem Herz, der Lunge etc.). Der Bodyscan kann als 20–45-minütige Übung auch sehr gut ins Seminar integriert werden.

Zur Verdeutlichung der emotionalen Ebene versuche ich, Führungskräfte durch gezieltes Nachfragen immer wieder auf Emotionen aufmerksam zu machen, die ihre Handlungen unbewusst beeinflussen. So erzählt eine Führungskraft von einer problematischen Situation mit einem Mitarbeiter und kritisiert dessen negative Arbeitseinstellung etc. Auf lösungsorientiertes Fragen und Anregungen aus der Gruppe kommt von der Führungskraft selbst stets eine abwehrende („das hab ich alles schon probiert“, „das geht nicht“) oder ausweichende Haltung („wiederholtes Schimpfen auf den Mitarbeiter“). Durch gezieltes und oftmals auch hartnäckiges Fragen, was die Führungskraft denn im Moment für diesen Mitarbeiter empfinde, kommen zunächst Ärger, Enttäuschung etc. zur Sprache. Manchmal werden diese Gefühle im ersten Moment nicht benannt, dann stelle ich Formulierungen wie: „Könnte es sein, dass…“ oder „Ich habe im Moment den Eindruck, Sie sind ganz schön ärgerlich …“ zur Verfügung und lasse diese Hypothesen bestätigen oder korrigieren.
Ist die Emotion zumindest verbal ausgedrückt und trifft auf eine empathische Haltung, kann ganz anders auf das Thema eingegangen werden. Genau dieses „In-den-Moment-Kommen“ ermöglicht immer wieder eine Lösungsfindung auf anderer Ebene und mit gänzlich neuen Ansätzen. Ähnliche Erfahrungen lassen sich immer wieder in Rollenspielen machen.

Praxisbeispiel: Es geht um ein Stabilisierungsgespräch (siehe auch im Anhang den Leitfaden dazu). Die Führungskraft setzt sich mit verschränkten Armen dem/der MitarbeiterIn gegenüber. Die beiden sind zusätzlich durch einen Tisch voneinander ge-

trennt. Die Führungskraft eröffnet das Gespräch, stellt mehrere Fragen, wartet aber nicht wirklich auf eine Antwort, sondern unterbricht den/die MitarbeiterIn mehrmals. Das Gespräch ist insgesamt sehr kurz und wenig ergiebig.
In der gemeinsamen Reflexion wird deutlich, dass die Führungskraft befürchtete, der/die MitarbeiterIn würde sich ihr gegenüber kritisch äußern. Dadurch stellte sie zwar Fragen, signalisierte aber verbal und nonverbal, dass sie nicht wirklich wissen wollte, was den/die MitarbeiterIn beschäftigt und bewegt. Unbewusst hatten die Emotionen das Verhalten der Führungskraft beeinflusst.
Auf der Metaebene überlegen wir dann den Transfer für diese Erfahrung: Wie kann man sich, vor allem in schwierigen Gesprächen, der eigenen Gefühle dem/der Mit-arbeiterIngegenüber und vor allem der eigenen Gefühle, die man in Bezug auf das Gespräch hat, vor dem direkten Kontakt mit dem/der MitarbeiterIn bewusst werden? Hier kommen oft Antworten wie: sich kurz Zeit nehmen und in sich „hineinhören" oder sich fragen: Wie stehe ich zu dem/der MitarbeiterIn?

Durch Wahrnehmen und Anerkennen der eigenen Gefühle im Sinne eines „Aha"-Erlebnisses werden die Handlungsmöglichkeiten breiter und der Spielraum wird größer, weil durch die kurzfristige bewusste Identifizierung mit den Emotionen diese danach und auch in der Situation erkannt werden, Sie werden anders, nicht indirekt und unbewusst, sondern direkt und bewusst ihren Raum bekommen und genützt, indem die Führungskraft ihre Gedanken und Gefühle einbringt: „... Mir kommt vor, dass Sie sich in letzter Zeit etwas von mir zurückziehen. Früher waren sie oft bei mir im Büro ,und wir haben auch zwischendurch Dinge besprochen. In letzter Zeit sehen wir uns viel weniger, und ich habe den Eindruck, sie kommen auch selten zu mir ... Habe ich vielleicht irgendetwas falsch gemacht?" Der Kontakt mit sich selbst und mit dem Gegenüber wird authentischer und offener. Dieses „Aha" leitet zu einem anderen Modus über, der für mich zwischen dem figurzentrierten Modus der Achtsamkeit und dem Figur-Hintergrund-verbindenden Modus des Gewahrseins steht.
Das „Aha"-Erlebnis, ein Erkennen oder Wieder-Erkennen einer Wahrnehmung oder einer Gefühlsregung, vielleicht sogar eines persönlichen Musters, ist eine Form der Distanzierung von der Identifikation. Es ermöglicht einen ersten Zugang zur umfassenden Wahrnehmung, aber es ist noch kognitiv.

Achtsamkeit, Gewahrsein und Mittlerer Modus finden sich in unterschiedlichen spirituellen Richtungen unter verschiedenen Bezeichnungen wieder. Die GründerInnen der Gestalttherapie beziehen sich auf östliche Lehren, insbesondere auf Buddhismus und Taoismus. Ein überkonfessioneller Ansatz, der sich um den Dialog zwischen Psychotherapie und Spiritualität bemüht, ist in der transpersonalen Psychologie zu finden. *„Der Mensch ist mehr als nur Rollen, Persönlichkeit und Lebensgeschichte. Er ist* *getragen von etwas Größerem und verbunden mit allem. Je mehr wir das realisieren und unser Leben darauf beziehen, desto mehr werden wir uns durch die Impulse, die vom Seinsgrund ausgehen, entfalten. Innerliches und Äußerliches befruchten sich dann gegenseitig. Viele Menschen haben dies erkannt und wissen vom kosmischen Zusammenspiel individueller Lebensgestaltung und universeller Kraftfelder. Diese Einsichten werden durch Introspektion zutage gefördert, denn die Quelle der Weisheit liegt im Inneren. Auch Evidenzerlebnisse, Intuitionen oder das sichere Gefühl, genau zu wissen, was zu tun ist, weisen darauf hin, wie wichtig es ist, nachhaltige Lösungen für Lebensentscheidungen im Inneren zu suchen" (Walch, S., 2011, S. 28–29).*

Um einen kleinen Schritt auf dem Weg zur „inneren Weisheit" (vgl. Walch, S., 2011) zu tun, biete ich am 2. und 3. Seminartag die Möglichkeit zur freiwilligen Morgenmeditation. Meditation ist ein Weg, um Bewusstheit zu fördern. Dabei wird das Öffnen für das, was gerade stattfindet, und das Loslassen desselben geübt. Gerade für oft sehr aktive und leistungsorientierte Führungskräfte ist es eine Herausforderung, nichts zu tun und es auszuhalten, dass „nichts" geschieht. Dabei *„geht es nicht darum, etwas zu verändern, sondern darum, nicht mehr nach etwas zu greifen: und es geht um das Öffnen unserer Augen und unseres Herzens" (Kornfield, J., 2010, S. 223).*

Im Anhang findet sich eine Anleitung zu einer Achtsamkeitsmeditation. Weitere kleine Übungen zur Förderung von Awareness finden sich im Rahmen des LOOP-Modells, das später beschrieben wird.

4.6. Metakommunikation und Kollegiale Beratung

Metakommunikation ist laut Fuhr, R., und Gremmler-Fuhr, M., „Kommunikation über Kommunikation" (2004, S. 96), also der Austausch über einen Kommunikationsprozess, den die Gesprächspartner miterlebt haben, indem sie ihn beobachtet haben oder daran beteiligt waren. Durch Metadialoge können wir (konflikthafte) Situationen besser verstehen und neue Zugänge zu Problemen, zu unseren eigenen Kommunikationsmustern und zum Gegenüber finden.

Die **4 Phasen** des von Fuhr und Gremmler-Fuhr 2004 entwickelten integralen Meta-Dialogs sind:

1| Vorklärung und Vereinbarung (Anwärmphase, Klärung der Ausgangssituation, Eingrenzung der Fragestellung und der Kommunikationssituation);

2| Erkundung (Rekonstruktion der Kommunikationssituation, genaue Ursachen der Situation, Fokussieren und Erschließen von Botschaften und Mustern);
3| Sinngebung (Erforschung und Interpretation des weiteren Kontextes, Sichtbarmachen biografischer, gruppendynamischer und institutioneller Zusammenhänge);
4| Perspektiven und Abschluss (Alternative Handlungsmöglichkeiten, Intentionen für weitere Lernmöglichkeiten und künftige Vorgehensweisen, Resümee und Abschluss).

Ich wende eine abgewandelte Form des Metadialogs als **Kollegiale Beratung** in Führungskräfteseminaren an. Dabei wird zunächst entschieden, ob im Plenum oder in Kleingruppen gearbeitet wird. Pro Gruppe meldet sich ein/e FallbringerIn, der/die eine konflikthafte (Kommunikations-)Situation einbringt, welche eine Kommunikationssituation im engeren Sinn sein kann oder auch eine andere Situation, die die Führungskraft beschäftigt und zu der sie einen neuen Zugang finden möchte.

Der Ablauf erfolgt dann folgendermaßen:

1| Der/die FallbringerIn schildert den Fall und formuliert eine Fragestellung (Phase der Vorabklärung und Vereinbarung).
2| Die anderen Gruppenmitglieder explorieren die Situation mit unterschiedlichen Fragetechniken (offene, geschlossene, skalierende, verstärkende, hypothetische, zirkuläre ... Fragen – Phase der Erkundung).
3| Der/die FallbringerIn dreht sich mit dem Rücken zur Gruppe, und die anderen Gruppenmitglieder tauschen sich über ihre Resonanzen, Hypothesen und Lösungsansätze aus (FallbringerIn hört zu – Phase der Sinngebung).
4| Der/die FallbringerIn dreht sich wieder zur Gruppe und fasst in einem Resümee zusammen, was für ihn/sie neu/überraschend/hilfreich war (Phase der Perspektiven und Abschluss).

In Phase 2 dürfen noch keine Lösungen vorgestellt werden (auch nicht in Fragen verpackt). Es klingt im ersten Moment ungewöhnlich, dass sich der Fallbringer umdreht. Das hat allerdings zur Folge, dass diese Person in Schritt 3 nicht mehr direkt angesprochen wird und das Setting klar bleibt. So kann man mit dieser Methode auch in Kleingruppen gut arbeiten, vor allem mit einer klaren Zeitschiene für die einzelnen Schritte. Die Arbeit in Kleingruppen hat gegenüber dem Plenum den Vorteil, dass mehrere Themen gleichzeitig behandelt werden können und die Hemmschwelle,

einen eigenen Fall einzubringen, kleiner ist. Neben der expliziten Bearbeitung des Falls wird implizit geübt, Fragen zu stellen, zuzuhören, Hypothesen zu formulieren etc. Die Führungskräfte kommen auf neue Weise miteinander in Kontakt und entwickeln ein vermehrtes Verständnis füreinander bzw. fühlen sich verstanden und sehen, dass sie mit ihren Themen nicht alleine sind.
Aus manchen Seminaren (vor allem wenn GESUND FÜHREN in eine gesamte Führungskräfteentwicklung eingebettet ist) hat sich eine beständige Lerngruppe gebildet, die sich z. B. zweimal im Jahr trifft und intervisorisch Fälle bearbeitet bzw. ab und zu einen Vortrag zu bestimmten Themen für sich selbst organisiert.

Diese Form des Austausches, die sich Führungskräfte gegenseitig geben können, ist ein Zeichen verstärkter Offenheit, eines intensiveren Miteinanders im gemeinsamen Unternehmen und damit einer wesentlichen Ressource, die Führungskräfte in ihrer Arbeit zur Verfügung haben. Ganz abgesehen von den vielen inhaltlichen Hilfestellungen, die sich Führungskräfte gegenseitig durch den unterschiedlichen Erfahrungshintergrund geben können.

4.7. Die Säulen der Identität und Selbstführung

Unter Identität (lat. identitas = Wesenseinheit) versteht man die Einzigartigkeit eines Lebewesens, insbesondere eines Menschen. Identität ist die einzigartige Persönlichkeitsstruktur eines Menschen, die folgende Fragestellungen umfasst:

- △ Wer bin ich?
- △ Auf wen beziehe ich mich?
- △ Wer bezieht sich auf mich?
- △ Worüber definiere ich mich?
- △ Was macht mich aus?

Identität ist ein lebenslanger Prozess und zeigt sich in Auftreten, Mimik, Gestik, Sprache, körperlichen Stärken und Schwächen und natürlich im inneren Bild/Selbstbild, Selbstgefühl und Glauben an sich selbst. Identität entwickelt und verändert sich im Lebensverlauf (Identitätsentwicklung, Identitätskrisen). Dabei werden ständig Informationen aus dem Leib-Selbst (Identifikation = „Wie sehe ich mich selbst?“) und der Umwelt (Identifizierung= „Wie werde ich von meinen Mitmenschen gesehen?“) bewertet und übernommen oder zurückgewiesen. Identität ist daher einerseits ein zeitlich überdauerndes Konzept, das sich andererseits aber lebenslang in Entwicklung und Veränderung befindet.

Die 5 Säulen der Identität nach Petzold (1993) bauen, stützen und tragen die Identität eines Menschen:

1| Leib/Leiblichkeit
2| Soziales Netzwerk/Soziale Bezüge
3| Arbeit und Leistung
4| Materielle Sicherheit
5| Werte, Normen und Sinn

Zur Identitätskrise kann es kommen, wenn eine oder mehrere Säulen „wegbrechen" oder sich plötzlich stark verändern und die anderen Säulen die Identität nicht ausreichend stabilisieren können. Die fünf Bereiche sind eng miteinander verknüpft. Einen Bereich sehr zu vernachlässigen, hat immer Auswirkungen auf das Gesamtgleichgewicht. Ziel ist es, die Lebensbereiche in eine gesunde Balance zu bringen und permanent an diesem Gleichgewicht zu arbeiten. Wie eine gute Balance für jeden einzelnen aussieht, ist individuell unterschiedlich und abhängig von der persönlichen Lebensvision. Wichtig ist, sich (immer wieder) bewusst zu entscheiden und dann auch Verantwortung für diese Entscheidung zu übernehmen.
Ganzheitliche psychologische und psychotherapeutische Arbeit muss alle Säulen berücksichtigen und in ihre Arbeit/Interventionen einbeziehen – das bedeutet, dass Psychotherapie zur ganzheitlichen Wegbegleitung unter Berücksichtigung des persönlichen Beziehungskontextes, der Arbeits- und Leistungssituation, der materiellen Situation, der Wertefragen/-konflikte etc. wird (vgl. Petzold, H. G., 1993).

Ganzheitliche Selbstführung bedeutet, die unterschiedlichen Identitätsbereiche immer wieder anzusehen und kritisch-würdigend zu prüfen, ob die aktuelle Gestaltung der Lebensbereiche dem entspricht, wie ich mein Leben führen möchte bzw. wo ich ansetzen könnte, um etwas zu verändern. Dabei habe ich das Säulenmodell von Petzold mehrfach mit Führungskräften in Seminaren und Coachings angewandt, habe es dann aber leicht abgeändert, weil es mir für diese Zielgruppe in dieser Weise passender und einfacher handhabbar erschien. Ich habe die Säule „Arbeit und Leistung" mit der Säule „Materielle Sicherheit" in ein Feld zusammengelegt und anstelle des Säulenmodells ein Kreismodell gewählt, das ich „ICH in Balance" nenne. Das Kreismodell beinhaltet auch den Faktor Zeit – in der folgenden Abbildung sind die nunmehr 4 Bereiche in vier Quadranten geteilt. Das bedeutet nicht, dass Balance nur dann vorhanden sein kann, wenn diese vier Teile gleich groß sind. Bei den wenigsten Menschen wird dieser „Kuchen" so aufgeteilt sein. Bedeutsam sind allerdings das intuitive Einteilen des „Zeitkuchens" und das Sichtbarmachen der Verteilung. Erst dann kann jemand auch differenziert wahrnehmen, ob die Aufteilung in dieser Weise für ihn stimmig ist oder nicht.

- △ **Arbeit, Leistung und Materielles ...**
  ... beinhalten Erfolg, Arbeitsleistungen und Freude an der eigenen Leistung, Arbeits(un-)zufriedenheit, Arbeitsüberlastung, überfordernde sowie erfüllte oder fehlende Leistungsansprüche, Einkommen, Geld, Materielles wie Nahrung, Kleidung, Lebensbedarf; die Dinge, die jemand besitzt, seine Wohnung oder sein Haus ...
- △ **Körper, Gesundheit und Fitness ...**
  ... meinen Ernährung, Entspannung, Fitness und Kondition, Beweglichkeit, Wohlbefinden, Belastbarkeit, Psyche, Gefühle, Sehnsüchte, medizinische Gesundheit, Sexualität, Ausstrahlung ...
- △ **Kontakt und soziale Beziehungen ...**
  ... bedeuten soziales Netzwerk, Freunde, Familie, Kollegen, Beziehungen, Ehe/Partnerschaft, Kinder, Vereinszugehörigkeit, Sparverein, gemeinsame Freizeitgestaltung mit Bekannten ...
- △ **Sinn, Werte und persönliche Entwicklung ...**
  ... meinen Moral, Ethik, Religion, Spiritualität, Traditionen, Glauben, Sinnfragen; das, was jemand für richtig hält, von dem er überzeugt ist, wofür er eintritt und von dem er glaubt, dass es auch für andere Menschen wichtig sei; religiöse oder politische Überzeugungen, die „persönliche Lebensphilosophie“, wichtige Grundprinzipien ...

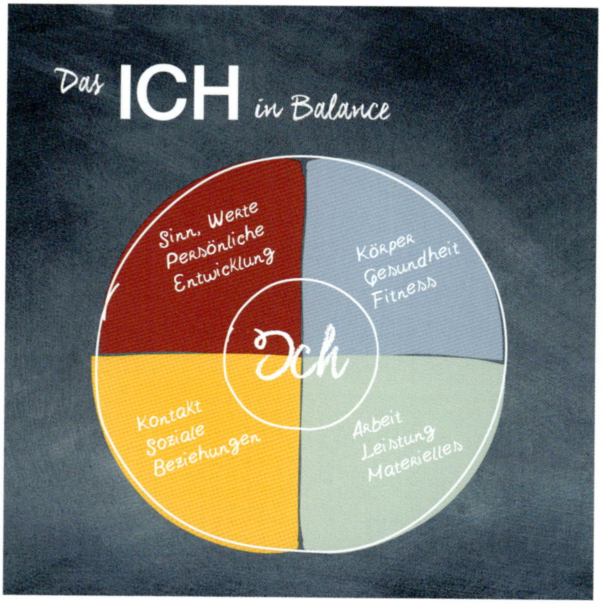

Abb.: Flipchart „Das Ich in Balance“

Zuerst erkläre ich die Herkunft des Modells und beziehe mich dabei auf die Integrative Gestalttherapie und auf Petzold.
Danach bitte ich die teilnehmenden Führungskräfte, einen Kreis auf ein Blatt Papier zu zeichnen. Der persönlichen Privatsphäre wegen teile ich im Normalfall dazu ein DIN A4-Blatt aus und lasse die Führungskräfte so im Raum Platz nehmen, dass jede/r gut für sich sein kann.

Im Anschluss begleite ich die TeilnehmerInnen auf eine Phantasiereise, bei der ich zu den einzelnen Bereichen Beispiele bringe oder Fragen formuliere. Die TeilnehmerInnen tragen in die Felder den IST-Stand ein, mittels Symbolen, Kürzeln, Worten oder Zeichnungen. Danach ersuche ich die TeilnehmerInnen, die Augen zu schließen und sich vorzustellen, sie wären „X" Jahre alt (bzw. es wäre 10 oder 20 Jahre später), und sie stellten sich vor, wie zu diesen Zeitpunkten ihr Leben ausgesehen haben soll bzw. aussieht. Danach schreiben sie außerhalb des Kreises Stichworte, Symbole etc. zu ebendieser Vision auf. Als letzten Schritt bitte ich die Führungskräfte, sich die aktuelle Situation nochmals anzusehen und ein paar wenige Dinge zu markieren, die sie ganz konkret im kommenden Jahr verändern oder verstärken möchten, um auf einem guten Weg in Richtung ihrer persönlichen Lebensvision zu sein.

Danach gibt es einige Minuten zur freien Verfügung, um sich Notizen zu machen und unter Umständen sogar aus diesen Vorhaben im Sinne der SMART-Formel (specific-measurable-attractive-realistic-time) konkrete Ziele zu machen.
Je nach Gruppe lasse ich die Führungskräfte im Anschluss in einen paarweisen Austausch zu Erkenntnissen aus dieser Übung gehen oder ich eröffne eine offene Runde, bei der alle, die etwas von ihrer Erfahrung mitteilen möchten, erzählen können.
Eine genaue Anleitung zur Durchführung findet sich im Anhang.

Fallbeispiel:
Mit einer Führungskraft aus einem Handelsunternehmen hatte ich hier ein sehr berührendes Erlebnis. In der Abschlussrunde des Seminars meinte der im ganzen Seminar eher ruhige Mittvierziger, ihm wäre es während dieser Übung wie Schuppen von den Augen gefallen, dass er sich in den letzten Jahren ausschließlich um die Arbeit gekümmert hätte und am Wochenende entweder gearbeitet oder Freunden geholfen hätte. Darüber hinaus hätte er seine Frau und seine beiden Kinder völlig aus den Augen verloren, von Freizeitaktivitäten gar keine Rede.
Das würde er nun sofort ändern, denn so solle sein Leben nicht weiter aussehen. Diese Führungskraft sprach das Thema beim Personal Follow-Up-Gespräch nochmals an und bedankte sich herzlich für diese Erkenntnis. Er hätte bereits einiges in Angriff genommen, z. B. halte er sich jetzt ganz bewusst den Sonntag für die Familie frei.

Auf der Metaebene gehe ich dann abschließend darauf ein, dass es durchaus sinnvoll ist, diese Selbstreflexion und Neuausrichtung in regelmäßigen Abständen zu wiederholen, z. B. immer um den Jahreswechsel herum.

Für mich ist dieses Modell der Selbstführung deshalb so wesentlich und die Grundlage für alle anderen Maßnahmen der Selbstfürsorge oder Abgrenzung, wie z. B. regelmäßige Bewegung, gute Ernährung, Ausschalten des Mobiltelefons etc., weil es die motivationale Basis für alle konkreten Schritte darstellt. Gleichzeitig ist es in seiner Zugangsweise so umfassend und für jede Person relevant, dass jede/r für sich geeignete Schwerpunkte finden und umsetzen kann.

5. GESUND FÜHREN

5.1. Das Konzept GESUND FÜHREN

Gesund zu führen bedeutet, die eigene (Führungs-)arbeit so auszuüben, dass sie für MitarbeiterInnen und Führungskraft gleichermaßen gesundheitsförderlich ist.

Dazu gehört in erster Linie eine gute **Selbstführung** im Sinne einer guten Balance im eigenen Leben, der Gestaltung von Aktivierung und Entspannung und einem bewussten Umgang mit den eigenen Ressourcen. Dazu Peter F. Drucker: *„Nur wenige Führungskräfte sehen ein, dass sie letztendlich nur eine Person führen müssen. Diese Person sind sie selbst"(http://de.fuehrungskompendium.wikia.com/wiki/Peter_F._Drucker_Zitate).* Mehr dazu in **Kapitel 5.1.1.**

Von dieser Basis ausgehend, ist die (Weiter-)Entwicklung eines **gesundheitsförderlichen Führungsstils** entscheidend. Ein wertschätzendes, klares Führungsverhalten und eine ebensolche Beziehungsgestaltung ist hier neben der (Mit-)Gestaltung von Arbeitsbedingungen wie Pausenregelungen etc. von Bedeutung. Mehr dazu in **Kapitel 5.1.2.**

© Mag.ª Bettina Libicky-Mayerhofer

Die Spitze der Pyramide ist schließlich gekennzeichnet von einem professionellen **Umgang mit gesundheitsbezogenen Herausforderungen.** Hierzu gehört, als Führungskraft mit Burn-out, Sucht, Mobbing, Langzeitkrankenständen und zyklisch „ungerechtfertigt“ Abwesenden bewusst umzugehen, zu wissen, wo die eigenen (funktionsbedingten und persönlichen) Grenzen liegen und an welchen Stellen man sich Hilfe holen kann. Siehe dazu **Kapitel 5.1.3.**

Wichtig ist im gesamten Konzept, dass der Fokus auf Führung liegt. Das bedeutet, es geht stets um Klarheit bezüglich der Funktion. Eine Führungskraft braucht keine Ausbildung in „Suchttherapie“, sollte sich aber im Klaren darüber sein, was bei Verdacht auf Suchtmittelkonsum von Seiten des Unternehmens und der Führung zu tun ist. Basiskenntnisse auf den **3 Ebenen** der gesundheitsförderlichen Führung sollen vermittelt und Selbstreflexion soll ermöglicht werden. Dazu gehört, das eigene Funktions- und Rollenverständnis zu hinterfragen und weiterzuentwickeln. Fragen wie die folgenden sind Teil dieser Auseinandersetzung:

Was ist meine gesundheitsbezogene Verantwortung als Führungskraft? Was bedeutet Fürsorgepflicht des Unternehmens? Wo ist Gesundheit Privatsache? Wie sehe ich selbst meine Rolle diesbezüglich? Gehört es zu meinen Aufgaben, MitarbeiterInnen darauf aufmerksam zu machen, wenn sie immer wieder schwere Lasten auf eine für die Wirbelsäule belastende Art heben? Gehört es auch zu meinen Pflichten, MitarbeiterInnen auf massives Konsumieren von Energy Drinks aufmerksam zu machen oder überschreite ich dabei bereits die Grenze ins Private?

Was sind de facto meine gesundheitsbezogenen Aufgaben als Führungskraft? z. B. die Empfehlung und Ermöglichung von Inanspruchnahme der betrieblichen Gesundheitsangeboten, das Aufmerksammachen auf Arbeitssicherheitsvorschriften etc.?

Wie kann ich gesundheitsrelevante Themen klar und dabei nicht grenzüberschreitend ansprechen?
Wie kann ich ein Gespräch mit einem/einer MitarbeiterIn führen, der/die bereits seit längerer Zeit stark belastet bis überlastet erscheint? Wie halte ich Kontakt bei Langzeitkrankenständen?

Wo darf ich Grenzen setzen bzw. wo endet meine Verantwortung als Führungskraft? Wie offen muss mein Ohr für Probleme von MitarbeiterInnen sein? Wie setze ich Grenzen, wenn mir MitarbeiterInnen z. B. zu viele Details aus ihrem persönlichen Leben und einer möglichen Krankheitsgeschichte erzählen, sodass es mich bereits belastet? Wie formuliere ich meine Abgrenzung, damit diese nicht als Ablehnung und Desinteresse verstanden wird?

Wo kann ich mir Unterstützung holen, wenn ich z. B. unsicher bin, wie ich mit einem/einer MitarbeiterIn, der/die gerade aus einem längeren Burn-out-bedingten Krankenstand in die Arbeit zurückkehrt, umgehen soll oder wenn ich mir zu viele Gedanken und Sorgen um eine/n MitarbeiterIn mache?

Wie schnell sichtbar wird, können einige dieser Fragen nicht auf allgemeiner Ebene und für alle Situationen gleichermaßen gültig beantwortet werden. Hier ist es wichtig, dass Führungskräfte lernen, spezielle Situationen eigenverantwortlich (z. B. auch gemeinsam mit anderen Führungskräften kollegial) zu reflektieren, um handlungsfähig zu bleiben/werden. Gleichzeitig geht es darum, mit Ambivalenzen umzugehen und die damit verbundene Spannung „auszuhalten".

5.1.1. Selbstführung

Gesund zu führen bedeutet, sich als erstes und gleichzeitig als Basis für alles andere mit sich selbst auseinanderzusetzen: Diese Kompetenz nennt sich Selbstführung. Selbstführung bedeutet, in der Mitte des eigenen Handelns zu stehen und das eigene Leben, den Umgang mit MitarbeiterInnen, KollegInnen und Vorgesetzten sowie das eigene Arbeitsfeld aktiv zu gestalten. Nicht zuletzt bedeutet Selbstführung aber auch eine gute Selbstorganisation, Selbstregulation und ein bewusstes Lenken von Aufmerksamkeit.

Fragen zur Selbstführung sind:

- Wie gehe ich mit mir selbst um?
- Wie erkenne ich, wenn ich an meine Grenzen komme und was kann ich dann tun?
- Wie gestalte ich meine Arbeit, meine Arbeitszeit, meine Arbeitsabläufe, mein Verhältnis von Arbeit, Familie, Freunden, Freizeit etc.?
- Was sind meine Werte und wie sind meine Vorstellungen von einem „guten Leben" – wo stehe ich diesbezüglich? Steht mein Wirken im Einklang mit meinen Werten?
- Wie steuere ich meine inneren Zustände, um zu guten Entscheidungen zu kommen?
- Wie kann ich mich auch in herausfordernden Situationen zentrieren, wie entspanne ich mich?

- △ Wie stabil bin ich?
- △ Bin ich Reagierende/r oder Agierende/r?
- △ Wie gehe ich mit komplexen Situationen um?
- △ Besitze ich Raum für Kreativität?
- △ Etc.

Selbstführung bedeutet in der Anwendung:

- △ Psychoedukation und Wissenserwerb zu psychophysiologischen Zusammenhängen bei Stress
- △ Selbstreflexion zur aktuellen Stressbelastung, zu persönlichen Stressmustern und inneren Antreibern (siehe auch Anhang)
- △ Persönliche Krafträuber und -quellen kennen und damit bewusst umgehen
- △ Die persönliche Resilienz reflektieren und stärken (siehe auch Anhang)
- △ Warnsignale bei Überlastung erkennen und reagieren
- △ Wege und mentale Techniken zur bewussten Selbstregulation und Zentrierung kennen und anwenden
- △ Die eigene Aufmerksamkeit bewusst lenken
- △ Wege zur Entspannung kennen
- △ Bewusste Bewegung als Quelle der Regeneration erleben
- △ Förderung von Gewahrsein durch Meditation
- △ Das eigene Leben in Balance gestalten

5.1.2. Gesundheitsförderlicher Führungsstil

Die zweite Auseinandersetzung widmet sich dem Führungsstil, also der Art und Weise, wie Führungskräfte ihre Führungsfunktion gestalten, wie sie ihre Sach- und Beziehungsaufgaben erfüllen. Einerseits sind hier das persönliche Rollenverständnis und das konkrete gesundheitsförderliche Führungsverhalten angesprochen. Thema sind der Umgang mit MitarbeiterInnen und die unterschiedlichen Kommunikationsaspekte dabei. Andererseits geht es darum, wie Führungskräfte Arbeitsbedingungen (mit-)gestalten können, z. B. durch Pausenregelungen, ergonomische Bedingungen, durch die Steuerung von Licht-, Lärm- und Luftverhältnissen, durch die Organisation ungestörter, konzentrierter Arbeitsphasen einzelner MitarbeiterInnen etc.

Fragen zum gesundheitsförderlichen Führungsstil sind:

- Wie wertschätzend ist mein Umgang mit meinen MitarbeiterInnen?
- Wie aufmerksam bin ich – bemerke ich z. B. Veränderungen an MitarbeiterInnen?
- Welchen Spielraum habe ich, was unterschiedliche Führungsstile angeht?
- Wie führe ich Gespräche, welche Form von Kontakt ist für mich möglich?
- Wie klar kommuniziere ich Ziele und Spielregeln in meinem Verantwortungsbereich?
- Wie konstruktiv kann ich Rückmeldung, auch kritischer Art, geben?
- Wie gehe ich mit Konflikten um?
- Wie gehe ich mit krankheitsbedingten Fehlzeiten um, führe ich Gesundheitsgespräche?
- Wie gehen wir im Team miteinander um? Wie resilient, flexibel und widerstandsfähig sind wir als Team?
- Etc.

Ein gesundheitsförderlicher Führungsstil bedeutet in der Anwendung:

- Kriterien eines gesundheitsförderlichen Führungsverhaltens kennen und das eigene Führungsverhalten danach reflektieren (Fragebögen im Anhang)
- Wissen über gesundheitsförderliche und gesundheitsbeeinträchtigende Gestaltung von Arbeitsaufgaben und -bedingungen haben und dieses Wissen anwenden
- Nach jeder Abwesenheit Gesundheitsgespräche durchführen: Willkommensgespräche, Stabilisierungsgespräche, Arbeitsbewältigungsgespräche, anerkennender Erfahrungsaustausch, Fehlzeitengespräch
- Gesundheitsförderliche Aspekte in der Teamführung beachten und einen bewussten Umgang mit Konflikten pflegen
- Die Resilienz des geführten Teams reflektieren und stärken (siehe Anhang)
- Lösungsorientiert kommunizieren und nach oben führen

5.1.3. Mit gesundheitsbezogenen Herausforderungen umgehen

Als dritte Ebene und Spitze der Pyramide geht es darum, auch bei besonderen gesundheitsbezogenen Herausforderungen wie Mobbing, Burn-out, Sucht am Arbeitsplatz, Langzeitkrankenständen von MitarbeiterInnen bzw. bei hohen, scheinbar „ungerechtfertigten" Fehlzeiten als Führungskraft handlungsfähig zu bleiben.
Dazu braucht es einerseits ein gewisses Maß an Wissen und andererseits die Möglichkeit, die Situation mit angemessener Distanz zu reflektieren und sich bei Bedarf entsprechende Unterstützung zu organisieren. Die multiprofessionelle Zusammenarbeit mit Personalverantwortlichen, Betriebsarzt, Betriebsrat, externen ExpertInnen und dem/der eigenen Vorgesetzten sind hier gefragt.

Fragen zum Umgang mit gesundheitsbezogenen Herausforderungen sind:

- Was ist Burn-out, und wie gehe ich damit um, wenn eine/r meiner MitarbeiterInnen davon betroffen ist?
- Wie gehe ich mit jemandem um, der mehrmals alkoholisiert am Arbeitsplatz erscheint?
- Darf/soll ich Kontakt mit MitarbeiterInnen halten, die längere Zeit krankheitsbedingt fehlen? Wie mache ich das, damit es nicht als Kontrollmaßnahme wahrgenommen wird?
- Wie kann ich mittel- oder langfristig gesundheitlich beeinträchtigte Personen im Arbeitsgeschehen sinnvoll integrieren?
- Wie kann ich Mobbing von „normalen" Konflikten unterscheiden? Wie reagiere ich, wenn in meinem Team jemand gemobbt wird?
- Wie begegne ich MitarbeiterInnen, die immer wieder scheinbar ungerechtfertigt fehlen? Wie gehe ich mit meinen eigenen Gefühlen (z. B. meinem Ärger) diesbezüglich um?
- Was mache ich in akuten Krisensituationen (z. B. Tod eines Angehörigen eines Mitarbeiters/einer Mitarbeiterin)

Der Umgang mit gesundheitsbezogenen Herausforderungen bedeutet in der Anwendung:

- Burn-out-Anzeichen, soweit möglich, wahrnehmen (Checkliste) und ansprechen (Leitfaden), Unterstützungsangebote setzen, MitarbeiterInnen nach Burn-out wieder integrieren
- Anzeichen von Sucht, soweit möglich, erkennen, bei Verdacht auf Suchtmittelkonsum ein klares Stufenprogramm verfolgen

- △ Mit Langzeitkrankenständen umgehen können, angemessenen Kontakt halten, nach Rückkehr des Mitarbeiters/der Mitarbeiterin für einen guten Einstieg sorgen und nach Möglichkeiten für die weitere Arbeitsbewältigung suchen
- △ Mobbing nach Möglichkeit erkennen und wissen, wie als Führungskraft gegengesteuert werden kann
- △ Klar und professionell mit zyklisch „ungerechtfertigt" Abwesenden kommunizieren
- △ Wissen, was bei akuten Krisen zu tun ist

5.2. Die Gesamtarchitektur: Anwendung im betrieblichen Kontext

Das Seminar GESUND FÜHREN wird von Unternehmen in unterschiedlicher Weise angefragt. Manche Firmen wünschen als Einstieg einen ExpertInnenvortrag zum Thema, um ein größeres Publikum zu erreichen und dann aus den Resonanzen Hinweise für das weitere Vorgehen zu erhalten. Bei Führungskräfteausbildungen, die ich durchgängig begleite, wird häufig eine Variante gewählt, bei der bei jedem Modul ca. ein halber Tag dem Thema GESUND FÜHREN gewidmet ist. Wieder andere Unternehmen forcieren einen Teilbereich des Themas GESUND FÜHREN, z. B. das Durchführen von Gesundheitsgesprächen. Hier halte ich eintägige Workshops ausschließlich zum Thema Gesundheitsgespräche ab.

Die Variante mit dem nachhaltigsten Effekt besteht aus den folgenden **3 Schritten** zum Gesunden Führen. Nach einer umfassenden Klärung der Ausgangssituation werden folgende Prozessschritte vollzogen:

Der Gesamtprozess verläuft in der Regel in einem Zeitraum von einem halben Jahr bis zu 2 Jahren und ist im ersten Schritt mit dem Seminar GESUND FÜHREN vor allem auf der Ebene der Personalentwicklung angesiedelt.

Nach dem Seminar haben die Führungskräfte die Möglichkeit, mittels eines Fragebogens (siehe Anhang) die gesundheitsförderliche Zusammenarbeit in ihrem (Führungs-) Team zu erheben. Einige Wochen nach dem Seminar erfolgt der zweite Schritt, das Personal Follow-up, ein Einzelgespräch von 1–2 Stunden mit jeder Führungskraft. Im Personal Follow-up geht es einerseits um die Führungskraft selbst, wie auch um Führungsfragen und um die Besprechung der Fragebogenergebnisse. Das Personal Follow-up betrifft daher auch bereits die Ebene der Teamentwicklung.

Der dritte Schritt, das Team Follow-up, verläuft sehr individuell. Es kann mit dem operativen Team, im Führungsteam oder teamübergreifend unter Einbindung anderer Organisationseinheiten stattfinden, je nach Bedarf und Zielsetzung. Dauer und Ablauf variieren erheblich, methodisch können hier auch Fragebögen oder Interviews zum Einsatz kommen. Dieser Schritt hat bisweilen auch Konsequenzen auf Ebene der Organisationsentwicklung. Bei strukturellem oder inhaltlichem Bedarf werden Maßnahmen meist intern moderiert, bei Führungs-, Kooperations- und Konfliktthemen extern.

6. PRAKTISCHE ANWENDUNG DES KONZEPTS GESUND FÜHREN

6.1. Das Seminar GESUND FÜHREN

Beim Seminar GESUND FÜHREN nehmen nach Möglichkeit Führungskräfte aus einer Hierarchieebene gemeinsam teil. Sollten Hierarchiesprünge nicht zu vermeiden sein, bedeutet dies eine mögliche Einschränkung der Offenheit der TeilnehmerInnen. Daher sollte in einem solchen Fall dem Entwickeln eines angemessenen Rahmens für Lernerfahrung gesondert Raum gegeben werden. Eine Gruppengröße von 8–10 Personen (maximal 12) ermöglicht intensives Arbeiten und individuelle Prozessgestaltung, je nach Bedürfnissen und Anliegen der TeilnehmerInnen.

So ist der in der Folge vorgestellte Ablaufplan als grober Rahmen bzw. als ein möglicher Ablauf zu verstehen. In einer Mischung aus Ziel- und Prozessorientierung werden alle dort angeführten Inhalte mit den TeilnehmerInnen bearbeitet, wobei sich im Ablauf, in der Arbeitsweise und in der Schwerpunktsetzung sehr unterschiedliche Verläufe ergeben. Ich hatte zum Beispiel vor kurzem eine Seminargruppe, bei der ich bereits am ersten Vormittag eine supervisorische Arbeit durchführte, weil das gesundheitsbezogene Führungsthema eines Teilnehmers derart im Vordergrund stand und die Aufmerksamkeit der anderen TeilnehmerInnen so hoch war, dass nach meinem Dafürhalten ein Übergehen dieses Themas im Sinne des zu vermittelnden Inhalts die weitere Öffnung der TeilnehmerInnen beeinträchtigt hätte.

Prozesshaft auf derartige „Störungen“ einzugehen (wobei hier „Störung“ nicht in einem negativen Sinne zu verstehen ist) bedeutet, die vorhandenen Energien zu nützen, ohne dabei das Gesamtziel und mögliche andere Bedürfnisse von TeilnehmerInnen aus dem Auge zu verlieren. So ist geäußerte Skepsis („Was bringt das eigentlich?“) zu Beginn des Seminars oft ein Schlüssel für Öffnung und Weiterentwicklung, wenn der/die BeraterIn darauf eingeht, die dahinter liegende Erfahrung sowie die daraus resultierenden Bedenken ernst nimmt und zeigt, dass das Äußern von Skepsis oder Kritik sein darf. Dem entspricht das gestalttherapeutische Verständnis von „Widerstand als Beistand“ für Entwicklung.

In der Folge werde ich die inhaltlichen Bausteine und den geplanten Ablauf eines Seminars skizzieren und dazu Fallbeispiele einflechten. Für BeraterInnen können diese Bausteine als Bestandteile für eigene Angebote dienen, für Führungskräfte als „Nachlese“ eines Seminars bzw. zum Selbststudium des Themas.

Ablauf – Überblick

Zeit	1. Tag	2. Tag	3. Tag
07:45 – 08:10		**Morgenmeditation** und Nachbesprechung	**Morgenmeditation** und Nachbesprechung
09:00 – 12:30	**Sensibilisierung Gesundheit** - WHO, subjektive Bedeutung von Gesundheit etc. - Geteilte Verantwortung für Gesundheit **Grundlagen** - Aktuelle Anforderungen und Krankheitsentwicklungen - Demographischer Wandel - Gesundheitsmanagement - Zusammenhänge Führung und Gesundheit (Studien) - Gesundheitsangebote im Unternehmen und das Einordnen dieser im Haus der Arbeitsfähigkeit - Resilienz – Theorie **Die Pyramide des Gesunden Führens**	**Gesundheitsförderliche Gestaltung von Arbeit** - Gesundheitsförderliche Gestaltung von Arbeitsaufgaben und Arbeitsbedingungen - Umsetzung und Transfer **Gesundheitsförderliches Führungsverhalten** - Fragebogen, ev. Feedback - Fragebogen: Führungsverhalten unter Stress **Gesundheitsgespräche** - Willkommensgespräch - Stabilisierungsgespräch - Arbeitsbewältigungsgespräch - Anerkennender Erfahrungsaustausch - Fehlzeitengespräch	**Gesundheitsbezogene Herausforderungen** Basiskenntnisse und Handlungsmöglichkeiten als Führungskraft zu - Sucht - Burn-out - Langzeitkrankenständen - Mobbing - Zyklisch „ungerechtfertigt" Abwesenden Die eigenen Möglichkeiten und Grenzen als Führungskraft erkennen, Unterstützungsangebote kennen und wahrnehmen
13:45 – 17:30	**Selbstführung: Aktivierung und Leistung** - Stress und Entspannung, Krafträuber und Kraftquellen - Antreiber: Info und Fragebogen - Resilienz • Kurztest Personebene - Selbstmanagement **LOOP & VAKOG – Wege zur Zentrierung** **Entspannungstechnik** - Progressive Muskelentspannung nach Jacobson	**Fortsetzung: Gesundheitsgespräche** **Gesundheitsförderliche Aspekte in der Teamführung** - Umgang mit Konflikten - Klarheit bzgl. Ziele und Spielregeln etc. - Resilienz – Kurztest Teamebene und Auswertung **Kollegiales Coaching und/oder Feedback** bei Bedarf: **Appreciative Inquiry**	**Kollegiale Beratung** - als Instrument der sozialen Unterstützung - zur Bearbeitung spezieller Fragestellungen **Das ICH in Balance** - Modell und Selbstreflexion - Persönliches Gesundheitsziel **Abschluss und Transfer**
	Optional: Laufen/Gehen	Kamingespräch	

Einführung

Zu Beginn des Seminars geht es nach der Phase des Kennenlernens und des Abklärens der Rahmenbedingungen um die persönliche Sensibilisierung für das Thema Gesundheit und Führung. Diesen Einstieg gestalte ich gewöhnlich über Differenzierungsaufstellungen (beides skalierend bzw. in Gruppen) zu Fragen wie:

1| Wie wichtig ist mir Gesundheit?
2| Wie viel mache ich aktiv für meine Gesundheit? Und was mache ich dabei?
3| Wie sehr kann ich meine Gesundheit beeinflussen?
4| Wie sehr kann ich die Gesundheit meiner MitarbeiterInnen beeinflussen?
5| Welche der 4 folgenden Gruppen verursacht die meisten Fehltage in meinem Verantwortungsbereich:

- △ Kurzzeitkrankenstände aufgrund von Infektionskrankheiten (Grippe ...)
- △ Physisch bedingte Langzeitkrankenstände (Verletzungen, Krebserkrankung ...)
- △ Psychisch bedingte Langzeitkrankenstände (Burn-out ...)
- △ Ungerechtfertigt erscheinende Fehlzeiten („Blaumacher“)

6| Welche dieser 4 Gruppen fordert mich in meiner Führungsarbeit am meisten und warum?
7| Prozessorientiert ev. weitere Fragen ...

Um die unterschiedlichen Dimensionen und die Komplexität und Verwobenheit von psychischer, physischer und sozialer Gesundheit sichtbar zu machen, stellen wir zur Frage 2 die Dimensionen auf, was die einzelnen Personen für ihre Gesundheit tun. Über diese Aufstellungen entsteht dann meist eine Diskussion darüber, was denn Gesundheit sei und wie man sie beeinflussen könne.
An diesem Punkt stelle ich dann den Zugang der WHO und den Zugang der Selbstregulation zu Gesundheit vor.

Darauf folgend kommen einige Informationen und Studienergebnisse, die Führungskräfte nicht nur persönlich, sondern auch in ihrer Funktion für das Thema GESUND FÜHREN sensibilisieren sollen. Hier arbeite ich das einzige Mal im gesamten Seminar mit einer Powerpoint-Präsentation. Die Wissenschaftlichkeit und die gesellschaftspolitische Relevanz des Themas wird so verdeutlicht.

Ebenso erfolgt eine theoretische Einführung in das Thema Resilienz mit Studienergebnissen wie in **Kapitel 2** beschrieben. Als erstes Kernstück des Seminars gebe ich einen Überblick über die Pyramide GESUND FÜHREN, sodass für die TeilnehmerInnen eine Struktur entsteht, in die sie die folgenden, später im Seminar gemachten Erfahrungen einordnen können. Die Pyramide findet sich in **Kapitel 5.1.**

Danach gehe ich unmittelbar zum Thema Selbstführung über.

6.1.1. Selbstführung

Dieser Teil des Seminars führt von anfänglichem Wissenserwerb über Selbsterfahrung und Selbstreflexion zu unterschiedlichen Übungen zur Verbesserung von Selbstwahrnehmung, Selbstregulation und Bewusstheit.

Psychoedukation: Psychophysiologische Zusammenhänge bei Stress

Aus einem psychoedukativen Ansatz heraus gebe ich zunächst einige Grundinformationen zum Thema Stress (Eu- und Distress, Aktivierung und Leistung, EEG, Zusammenhänge zwischen hormonellem Geschehen und Bewegung wie z. B. beschleunigter Adrenalinabbau durch körperliche Betätigung).

In der englischsprachigen Ingenieurtechnik bedeutet „Stress" Spannung oder Druck, eine „Kraft, die den Körper verformt".
Beim Menschen ist Stress ein lebenswichtiger Vorgang, der seit Urzeiten untrennbar mit dem Leben verbunden ist. Körperlich äußert sich Stress durch die Ausschüttung von bestimmten Hormonen, die Erhöhung des Herzschlages, der Muskelspannung und des Blutdrucks. Dadurch werden Energien freigesetzt, die Verdauung wird verlangsamt und das Immunsystem als Sparmaßnahme deaktiviert. Diese Stressreaktionen dienten unseren Vorfahren in der Steinzeit in Gefahrensituationen dazu, den Körper in höchste Funktionsbereitschaft zu versetzen, um dadurch ihr Überleben zu sichern. Der Körper war bereit für Kampf oder Flucht. Nachdem die Situation gebannt war, folgte die notwendige Erholungsphase. Der Körper konnte sich regenerieren und Energiespeicher wieder auffüllen.

Heute reagiert der menschliche Körper auf Stresssituationen wie vor Millionen Jahren, als unsere Vorfahren noch Jäger und Sammler waren. Er bereitet sich auf Flucht oder Angriff vor. Der Organismus mobilisiert kurzfristig Energiereserven wie Zucker und

Fett und Stresshormone werden freigesetzt. Der Blutdruck, die Puls- und Atemfrequenz steigen. Die Muskulatur wird auf Leistung getrimmt. Andere Funktionen wie Immunabwehr, die Verdauung und Sexualfunktionen werden heruntergefahren.
Allerdings folgen heute auf die ausgelösten physischen Reaktionen zumeist keine adäquaten körperlichen Aktivitäten. Stresshormone und Adrenalin bleiben längere Zeit im Körper. Dauert eine Stressbelastung über einen längeren Zeitraum an, ohne dass zwischendurch Erholung und Stressbewältigung stattfinden können, kommt man mit den Dingen, die Stress auslösen, immer schlechter zurecht. Man wird nervöser, reizbarer und unzufriedener – man hat Dauerstress. Dauerstress stört das Wohlbefinden und macht mit der Zeit krank. Damit bremst Stress auch die Leistungsfähigkeit und Produktivität.

Man unterscheidet **Eustress und Distress.** Eustress entsteht durch positiv empfundene, für das Leben notwendige Reize und Anregungen. Distress kennzeichnet unangenehm empfundene Spannungsgefühle durch überlastende Anforderungen. Beide Stressarten sind im Übermaß schädlich. Die Erholungsphase zwischen den Stressphasen ist wichtig, um Stressreaktionen des Körpers abzubauen und Energie zu sammeln! Stress entsteht häufig durch Überforderung und wird als unangenehm erlebt. Er löst negative Gefühle wie Angst, innere Anspannung, Hilflosigkeit, negative Gedanken usw. aus. Stress kann aber auch durch Unterforderung entstehen. Fehlt die Leistungsanforderung ganz oder ist sie zu gering, können die bereitgestellten Energien nicht abgebaut werden. Dann kommt es zu den gleichen Symptomen wie bei Stress durch Überlastung.

Arbeitsbedingter Stress lässt sich definieren als Gesamtheit emotionaler, kognitiver, verhaltensmäßiger und körperlicher Reaktionen auf widrige und schädliche Aspekte des Arbeitsinhalts, der Arbeitsorganisation und der Arbeitsumgebung. Dieser Zustand ist durch starke Erregung und starkes Unbehagen, oft auch durch ein Gefühl des Überfordertseins charakterisiert (Definition der EU-Kommission).
Das Aktivierungsniveau, auf dem wir uns befinden, beeinflusst auch unsere Leistungsfähigkeit. Es ist daher entscheidend, das eigene Aktivierungsniveau und damit auch das Stressempfinden aktiv mit steuern zu können.
Pausengestaltung ist der nächste Punkt, zu dem ich einige Grundinformationen wie Häufigkeit der Pausen, Bedeutung von Bewegung in der Pause etc. gebe und zu dem wir gemeinsam erholungsfördernde Möglichkeiten erarbeiten und sammeln.
Anschließend kommen wir zu einer ersten Selbstreflexion persönlicher Krafträuber und Kraftquellen in der Arbeit und außerhalb derselben. Im Austausch mit KollegInnen erkunden die TeilnehmerInnen ihre persönlichen Belastungen und ihre Ressourcen und bringen diese auf Papier (exemplarisch unten angeführt).

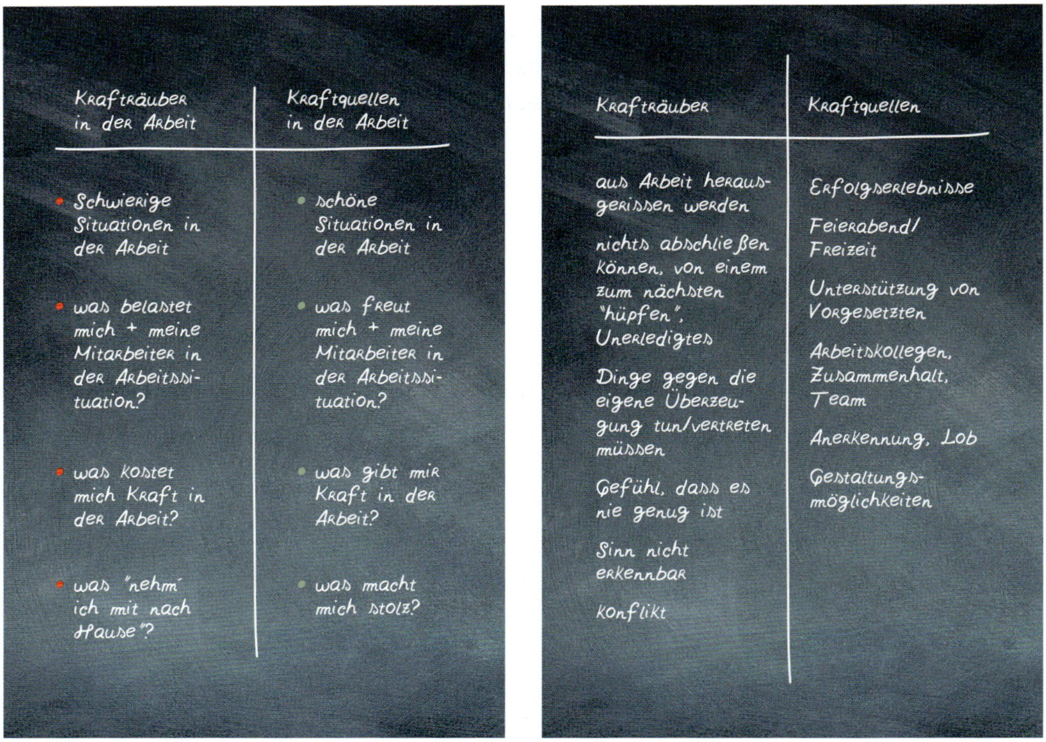

Abb.: Krafträuber & Kraftquellen

Basierend auf diesen Erkenntnissen erarbeiten wir dann meistens Möglichkeiten, Ressourcen (Kraftquellen) in herausfordernden Zeiten bewusst zu aktivieren bzw. die eigene Aufmerksamkeit bewusst auf Ressourcen und Handlungsspielräume zu lenken.

Selbstreflexion zur aktuellen Stressbelastung und zu Inneren Antreibern

Das Modell der Inneren Antreiber kommt aus der Transaktionsanalyse (TA), die darunter elterliche Forderungen versteht, mit denen konventionelle, kulturelle und soziale Vorstellungen verbunden sind und die es uns ermöglichen sollen, das Leben zu meistern. Diese Anweisungen werden uns durch Worte eingeschärft und durch beispielhaftes Tun der Eltern und später von Lehrern und Vorgesetzten übermittelt.

Als Eltern-Gebote haben diese Botschaften für Kinder einen Absolutheitscharakter, der nicht angezweifelt wird, denn ihre Nicht-Einhaltung könnte zur Folge haben, nicht mehr geliebt zu werden. Erst im Erwachsenenalter haben wir die Möglichkeit zu erkennen, dass es zu den elterlichen Botschaften Alternativen gibt. Zu diesem Zeitpunkt ist es allerdings bereits zu spät, denn nach Berne steht der eigentliche Lebensplan bereits im dritten Lebensjahr fest. Unbedacht versuchen wir daher auch als Erwachsene im Privat- wie im Berufsleben die Forderungen der Gebote zu erfüllen, als ob wir allesamt unter einem Zwang stünden.

Ziel der TA ist es, dass wir uns mit diesen Elternbotschaften zunehmend bewusst und realistisch auseinandersetzen. Um ein bestimmtes Ziel zu erreichen, ist es durchaus angebracht, vorübergehend perfekt zu sein, sich anzustrengen, sich zu beeilen, sich anzupassen oder Stärke zu beweisen. In dem Augenblick aber, wo jemand dem Zwang unterliegt, ständig perfekt sein zu müssen, ohne Rücksicht auf die Situation, steht er unter dem Einfluss eines Antreibers, der ihn davon abhält, sich bewusst und konkret mit der gegebenen Situation auseinanderzusetzen. Antreiber lösen oft Angst aus. Im Falle des Antreibers „Sei Perfekt" bedeutet dies, dass jemand mehr oder minder ständig Angst hat, dass etwas schiefgeht oder nicht klappt. In diesem Sinne wirken Antreiber auch als Stopper, indem sie uns unter Stress setzen und verhindern, dass wir unser volles Potenzial einsetzen.

Es gilt daher, die Mächtigkeit der einzelnen Antreiber herauszufinden und die, die in einem Stressbereich bereits wirksam werden, zu beobachten und ihnen gegenzusteuern. Antreiber lassen sich mithilfe von Erlaubern beeinflussen, denn unterstützende Eltern-Botschaften sind Botschaften, die uns etwas erlauben, nach denen wir etwas tun dürfen bzw. nicht tun müssen.

Wenn der Erlauber für „Mach schnell" z. B. lautet: „Eins nach dem anderen", dann ist es hilfreich, sich diese Gegenbotschaft immer wieder bewusst zu machen, seine eigene Zeit einzuteilen und zu planen, sich dabei genug Freiraum zu geben und mit diesem Verhalten immer wieder zu experimentieren.

Wichtig ist es, darauf zu achten, dass diese Erlaubnis dabei nicht selbst den Charakter eines Antreibers bekommt, wie etwa: „Nun beeile dich aber mit der Umsetzung der Erlaubnis!"

Es gibt verschiedene Methoden und Möglichkeiten, den Antreibern entgegenzuwirken und neben den Antreibern auch Erlauber zu installieren. Ein erster und wichtiger Schritt ist, den gewohnten Ablauf zu durchbrechen, neue Verhaltensweisen auszuprobieren und die Veränderung bewusst zu registrieren. Lassen Sie sich Zeit dabei, versuchen Sie, Ihre Erlauber immer wieder zu verinnerlichen, und Sie werden Ihre Antreiber in

den Griff bekommen und sie auf das Maß „zurückstutzen", in dem sie hilfreich und unterstützend für Ihren Erfolg sind.
Um einen differenzierten Zugang zur individuellen Stressbelastung und zu inneren Mustern zu bekommen, die Stress begünstigen, füllen die TeilnehmerInnen 2 Fragebögen aus:

a| Stress- und Burn-out-Fragebogen (Dr. Günther Possnig, siehe Anhang)
b| Fragebogen zu den inneren Antreibern aus der Transaktionsanalyse (siehe Anhang)

Danach werden die Ergebnisse im ersten Schritt paarweise und im zweiten Schritt gemeinsam reflektiert und besprochen. Den inneren Antreibern werden optional „Erlauber" entgegensetzt, Autosuggestionen, die in Situationen, in denen man sich gestresst fühlt, zu mehr Entspannung und Gelassenheit beitragen können.

Resilienz – Kurztest Personebene

Bei diesem kurzen Fragebogen erhalten die TeilnehmerInnen die Möglichkeit, ihre eigene Resilienz auf Basis der 7 Schlüsselfaktoren einzuschätzen. Dies geschieht im ersten Schritt durch eine skalierende Selbsteinschätzung mithilfe des an Heller angelehnten Kurztests (siehe Anhang). Danach markieren die TeilnehmerInnen die 2 bei ihnen am stärksten ausgeprägten Resilienzfaktoren und sammeln dazu Beispiele zu Situationen, in denen ihnen diese Eigenschaften in ihrem Leben bereits hilfreich waren. Danach markieren die TeilnehmerInnen den Resilienzfaktor, der aus ihrer Sicht etwas stärker sein sollte.

Die Anleitung dazu erfolgt in etwa so: „Markieren Sie den Faktor, der, wenn er 1–2 Punkte mehr hätte, den größten positiven Effekt auf ihr Leben hätte. Das kann, muss aber nicht unbedingt der Faktor sein, der am niedrigsten ausgeprägt ist. Stellen Sie sich vor, was sich in ihrem Leben ändern würde, wenn dieser Faktor stärker zum Tragen käme." Dann notieren die TeilnehmerInnen die positiven Effekte, die sie davon erwarten.
Danach stelle ich den TeilnehmerInnen noch die Frage: „Welcher nächste kleine Schritt ginge in genau diese Richtung, nämlich dass dieser Faktor etwas stärker ausgeprägt wird?"

Im Anschluss an diese geführte Selbstreflexion lade ich die TeilnehmerInnen zum Austausch zu zweit ein. Diese Sequenz kann ein kurzes lösungsfokussiertes Coaching sein oder auch einfach ein Erfahrungsaustausch zwischen 2 Personen. Sollte es ein Coaching sein, halte ich mich an den Resilienztanz von Bajiert und Stellamans (2014):

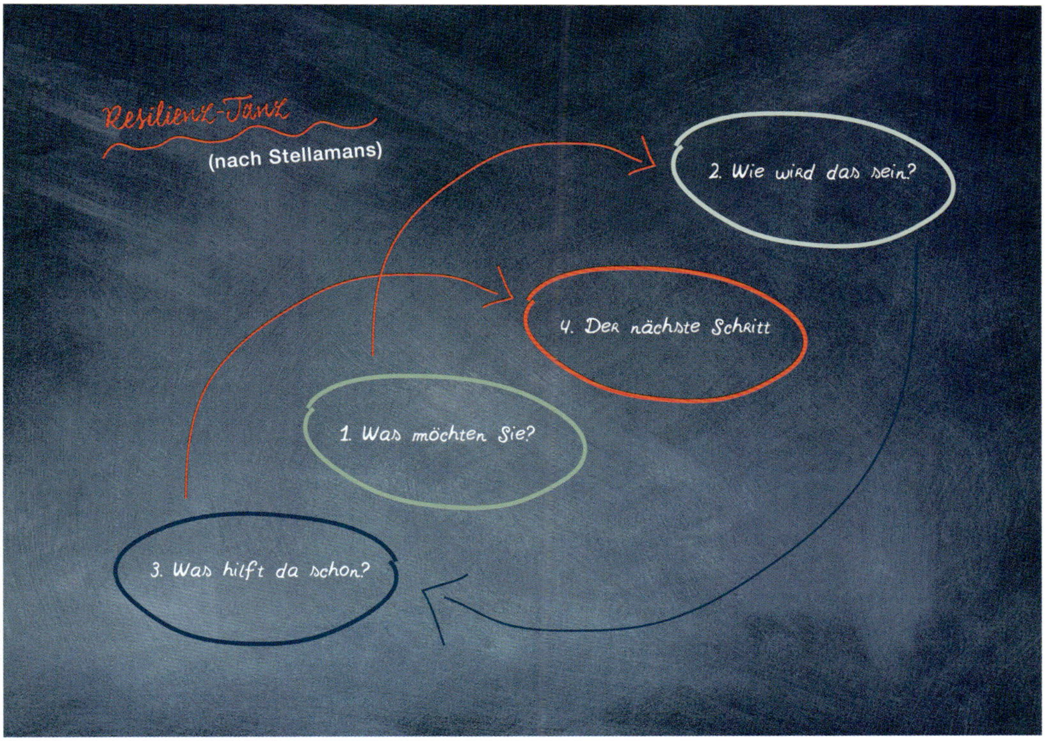

Abb.: Flipchart Resilienz-Tanz

In der Auseinandersetzung mit der persönlichen Resilienz ist ein ressourcenorientierter Zugang hilfreich und empfehlenswert. Immer wieder sind TeilnehmerInnen versucht, den Fokus auf das zu lenken, was noch nicht funktioniert. Resilienz bedeutet aber auch, einen direkten Zugang zu dem zu finden, was einen stark und widerstandsfähig macht, daher lege ich auf diesen Zugang besonderen Wert.

LOOP – Möglichkeiten zur bewussten Selbstregulation

Die aktive Selbstregulation der Beschäftigten bei der Arbeitsausführung ist ein in der Arbeitspsychologie bereits lange beschrittener Weg (vgl. Lenert, K., in: Hutterer-Krisch, R., et al., 1996). Um in herausfordernden Situationen zentriert zu bleiben und

das innere Gleichgewicht zu behalten oder (wieder) zu erlangen, stelle ich das Modell **LOOP** vor. In diesem 2009 von mir entwickelten Modell versuche ich darzustellen, dass es auch in anspruchsvollen Situationen oder Zeiten, in denen man sich durch äußere Anforderungen und innere Antreiber gehetzt und „aus der Mitte" geworfen fühlt, viele Momente gibt, in denen man wieder zu sich, zu einem Gefühl der inneren Zentrierung, gestalttherapeutisch ausgedrückt, zu einem mittleren Modus kommen kann. In der Gestalttherapie versteht man unter „Mittlerer Modus" einen energetischen Zustand, in dem man weder krampfhaft versucht, völlige Kontrolle über eine Situation zu erlangen, noch passiv mit sich geschehen lässt, was immer passiert.
Genau diese Haltung ist besonders in herausfordernden Situationen hilfreich, weil sie dabei unterstützt, in Kontakt mit sich und mit anderen Menschen zu treten, ins Hier und Jetzt zu kommen und eine Situation nicht nur kognitiv, sondern aus einem Modus der Achtsamkeit und des Gewahrseins ganzheitlich und intuitiv zu erfassen.

Ich gehe LOOP mit Führungskräften meist anhand eines Beispiels von TeilnehmerInnen durch, häufig werden als herausfordernde Situationen z. B. Präsentationstermine beim Vorstand, schwierige Kundengespräche, anstehende Entscheidungen oder anstrengende Gespräche mit MitarbeiterInnen genannt. Das Modell ist nicht so zu verstehen, dass LOOP in jeder schwierigen Situation gleichermaßen anzuwenden ist, denn die Menschen tun sich bei den verschiedenen Stationen einmal leichter und einmal schwerer. In diesem Sinne gilt es, die einzelnen Stationen zur reflektieren und sich für die eine oder andere Station eine Maßnahme zu überlegen, die persönlich hilfreich sein kann.

Worauf ich im LOOP explizit nicht eingehe, sind klassische Maßnahmen wie Vorbereitung auf ein Gespräch, Rhetorik oder Vorbereitung von Argumentationsketten. Es soll hier ausschließlich um die psychophysiologische Selbstregulierung gehen, damit Führungskräfte einen verbesserten Zugang zur Steuerung ihres Aktivierungsniveaus und ihrer Befindlichkeit bekommen.

Umseitig 2 Abbildungen des LOOP, die erste von mir vorbereitet, die zweite (aus einem anderen Seminar) gemeinsam erarbeitet.

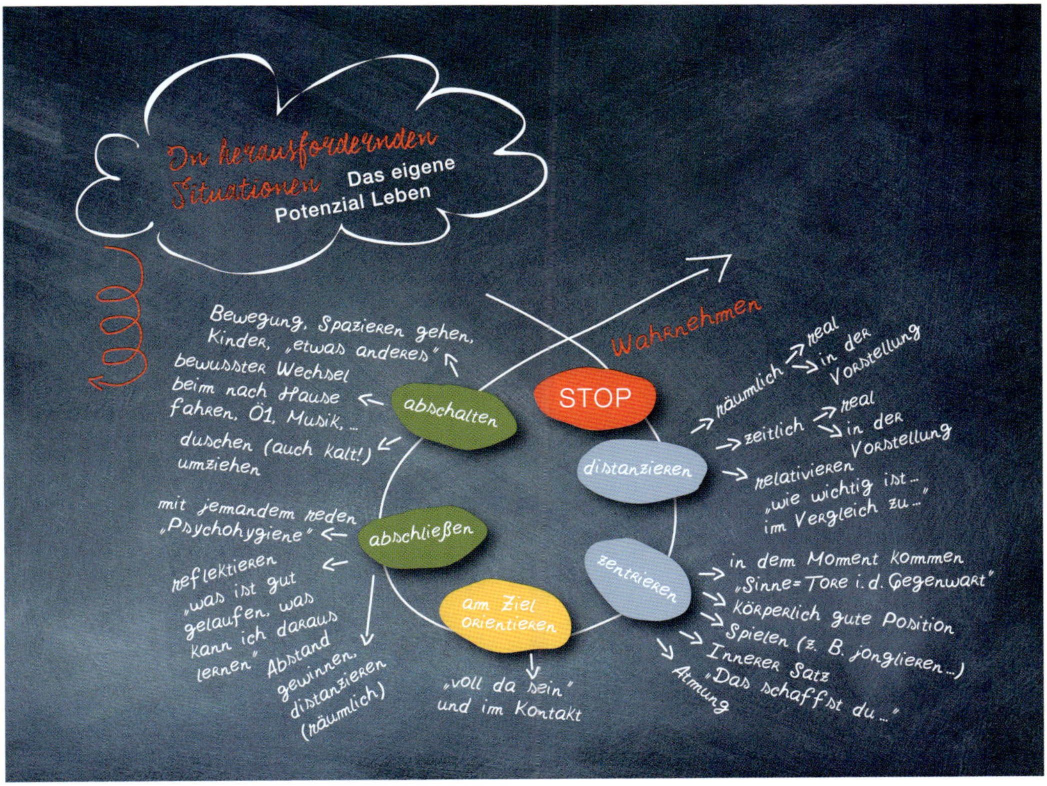

Abb.: LOOP

Zu Beginn des LOOP steht die **Wahrnehmung:** Über den Körper können wir sehr gut erkennen, in welchem energetischen Zustand wir sind. Manchen fällt das leicht, sie haben einen sehr unmittelbaren Zugang zu ihrem Körper. Für andere ist es eine Herausforderung, sich selbst zu spüren und sich leiblich-sinnlich wahrzunehmen. Besonders in einer Stresssituation neigen wir dazu, salopp gesagt, „den Körper zu verlassen und ganz aus dem Kopf heraus zu funktionieren“.
Wahrnehmungs- und Atemübungen sowie Reflexion und Austausch über körperlich-sinnliche Wahrnehmungen und Symptome sollen hier ermöglichen, einen direkteren, bewussteren Zugang zu sich zu bekommen. Awareness kann an dieser Stelle unterstützen, sich den Dingen zu öffnen, wie sie eben jetzt gerade sind, und demzufolge auch angemessener handeln zu können.

Der zweite Schritt im LOOP beschreibt dann eine kurze, aber sehr wichtige Phase der bewussten Entscheidung. Hier geht es darum, dass man sich, sobald man sich selbst besser wahrnimmt, auch aktiv entscheiden kann „Bleibe ich in diesem Zustand?“ oder sage ich: **„STOP“?!** Ein STOP kann z. B. durch ein bewusstes, tiefes Durchatmen oder ein innerlich ausgesprochenes „STOP“ erfolgen. Ich möchte den TeilnehmerInnen bewusst machen, dass sie nicht nur Opfer einer Situation sind, sondern auch in jedem Moment handlungsfähig sind und etwas ändern können – wenn schon nicht immer die äußeren Rahmenbedingungen, dann doch sehr häufig die Einstellung und innere Befindlichkeit dazu. Doch dazu braucht es den Ausstieg aus der „Opferrolle“, was im Abschnitt über die „Einflusskreise“ oder im Rahmen von Resilienz bearbeitet wird.

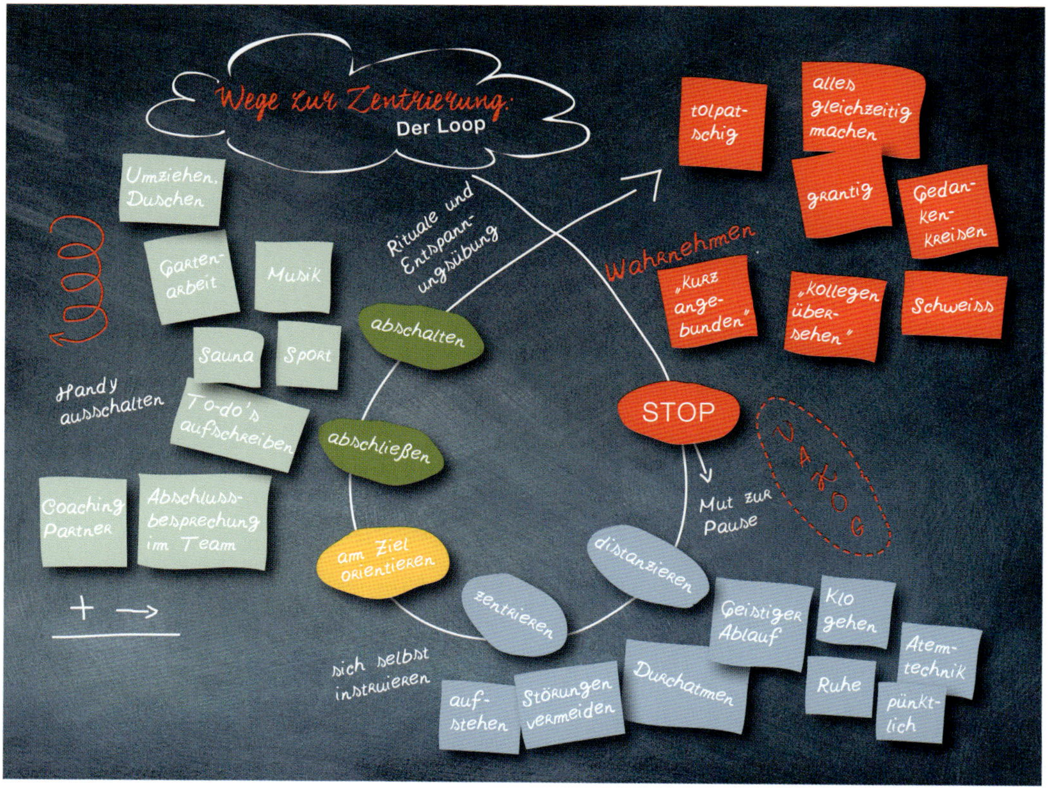

Abb.: LOOP

Der dritte Schritt beschreibt **Distanzierungstechniken,** die einen anderen Blick auf die Situation ermöglichen sollen. Das Aussteigen aus einer Situation durch körperlich-räumliche Distanzierung, z. B. indem man eine Runde um den Häuserblock geht, öffnet den Wahrnehmungsraum und erleichtert einen entspannteren Zugang zu Situationen. Die Distanzierung kann aber auch im Innen erfolgen, indem man die Wichtigkeit der Situation, die einen gerade in den Bann zieht, relativiert („Wie wichtig ist diese Situation im Vergleich zu …" oder „Wenn ich in 3 Jahren an diese Situation zurückdenke, wie wichtig wird das dann noch sein …?" etc.)

Um in einer herausfordernden Situation (z. B. der Präsentationstermin beim Vorstand) möglichst handlungsfähig zu sein, hilft es, sich zu zentrieren und störende Gedanken oder Selbstabwertungen abzulegen. Dazu erarbeite ich mit den TeilnehmerInnen des Seminars mentale und körperliche **Zentrierungstechniken.** Die meditative Konzentration auf den eigenen Atem, Autosuggestion (z. B. Aktivierung des Erlaubers bezugnehmend auf den Inneren Antreiber „Mach schnell!" durch „Ich mache eins nach dem anderen" …), „Ich mache eins nach dem anderen" …), die Übung zum „Inneren Ort" aus der Gestalttherapie oder positive, kräftigende Affirmationen können hier hilfreich sein. Genauso sind das Jonglieren von Tüchern (die Verbindung von Gehirnarealen), das bewusste Durchführen kleiner Körperübungen oder das Legen einer Hand auf auf den Herzbereich oder den Bauch etc. Möglichkeiten, sich in einen guten inneren Zustand zu bringen. Hier ist es wichtig, unterschiedliche Möglichkeiten zur Verfügung zu stellen, damit auch jede/r eine für ihn/sie passende Variante auswählen kann. Der Zugang über den Körper erscheint mir oft besonders geeignet: Hier stelle ich das VAKOG-Modell (visuell-auditiv-kinästhetisch-olfaktorisch-gustatorisch) vor mit dem Zusatz, dass unsere Sinne Tore in die Gegenwart, ins Hier und Jetzt sein können.

Nun gehen wir davon aus, dass in der herausfordernden Situation (z. B. ein Gespräch mit einem/einer MitarbeiterIn, Präsentation beim Vorstand …) das Potenzial, das zu diesem Zeitpunkt zur Verfügung steht, bestmöglich zu nutzen ist.
Nicht immer ist es allerdings so, dass wir alles zu unserer besten Zufriedenheit erledigen können, manche Ziele haben wir vielleicht nicht erreicht, anderes ist uns misslungen. Um dann nicht in grübelnden Gedanken und Selbstabwertungen hängen zu bleiben, ist das bewusste **Abschließen** einer Situation wichtig.

Mit jemandem im Sinne der Psychohygiene über die Situation zu sprechen, hilft, weil man dabei die eigenen Gefühle ausdrücken kann und sich im So-Sein verstanden und angenommen fühlt.

Zu reflektieren, was einem gelungen ist und was man aus der Situation lernen kann, hilft dabei, aus dem Ohnmachtserleben (die Situation ist nicht rückgängig zu machen) wieder in die Handlungsfähigkeit zu kommen und sich zur Zukunft hin zu orientieren (z. B. was mache ich beim nächsten Mal anders).

Doch auch wenn wir erfolgreich waren, stärkt das Erzählen des Erfolgs nochmals das Selbstbewusstsein und ermöglicht, diese selbst herbeigeführten Erfolge zu genießen und intern zu attribuieren. Das **Abschalten** schließlich meint Rituale und Tätigkeiten, die nach getaner Arbeit dabei helfen sollen, auch anderen wichtigen Bereichen des Lebens Raum zu geben. Hier sprechen wir von Ritualen wie dem bewussten Schließen der Firmeneingangstüre, Musikhören bei der Heimfahrt, Kleidung wechseln, Duschen (im Sinne der Unterbrechung eines Musters auch kalt!), Bewegung, Freunde treffen und Sozialkontakte pflegen, „handyfreie" Zeiten, Aufschreiben von drängenden Gedanken, was noch alles zu tun ist ...

Insgesamt soll LOOP dazu beitragen, dass Führungskräfte sich besonders in schwierigen Zeiten immer wieder ihrer selbst besinnen und dass das „Funktionieren-Müssen“ nicht soweit zur Normalität wird, dass es gar nicht mehr bemerkt und selbstverständlicher Lebensmodus wird.

Zu Beginn fragen mich viele TeilnehmerInnen, wie sie sich in herausfordernden Situationen besser zentrieren können, um damit noch effektiver zu werden. Während der Auseinandersetzung mit dem Thema erweitert sich dann meist der Fokus auf den Bereich „Umgang mit mir selbst“. Hier werden von TeilnehmerInnen immer wieder Themen wie Schlafstörungen etc. angesprochen.

Die 3 Einflusskreise und das Lenken der Aufmerksamkeit

Dazu gehört das Modell der 3 Einflusskreise, das ich in Anlehnung an Stephan R. Coveys „7 habits of highly effective people“ (2004) erstellt habe. Besonders, wenn Führungskräfte darüber klagen, dass sich MitarbeiterInnen ständig in der Opferrolle fühlen („früher war alles besser“, „die da oben denken sich sowieso nur immer wieder irgendetwas aus ...“) oder auch die Führungskräfte selbst in diese Falle tappen, zeige ich gerne dieses Flipchart her.

Der innerste, grüne Einflusskreis ist das unmittelbare Wirkungsfeld einer Person, Dinge die jemand ganz konkret machen kann, um im Außen die Bedingungen oder im Inneren die eigene Einstellung zu verändern (z. B. zu Rahmenbedingungen, die man selbst oder unter Zuhilfenahme des zweiten Kreises nicht verändern kann).

Der mittlere, gelbe Kreis ist der der bedingten Einflussnahme, ich kann zum Beispiel Missstände bzgl. Arbeitsbedingungen, wie z. B. zu wenig Bewegungsspielraum am Fließband, ansprechen und Lösungsvorschläge unterbreiten; man kann sich vielleicht sogar mit KollegInnen darüber austauschen und den Punkt gemeinsam an die nächsthöhere Führungskraft kommunizieren.

Im dritten und roten Kreis befinden sich die Zustände, Faktoren, auf die ich keinen Einfluss habe, wie z. B. das Wetter oder die aktuelle Marktlage.

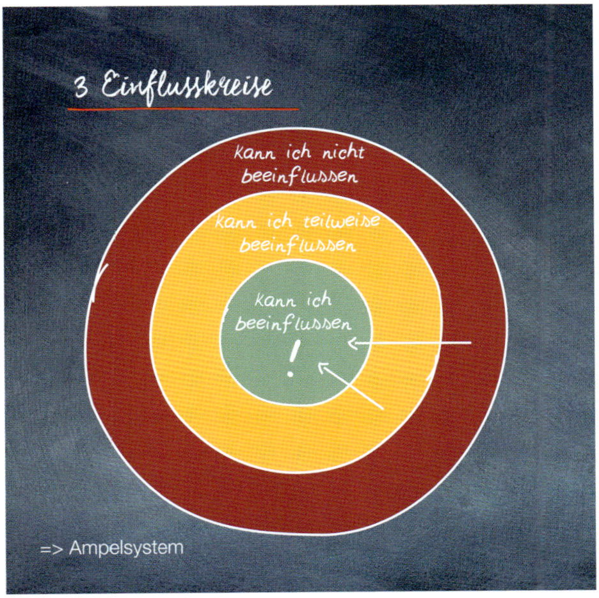

Abb.: 3 Einflusskreise

In der gemeinsamen Erarbeitung der Bedeutung dieser 3 Kreise stelle ich die Frage, in welchen Bereich z. B. Gedanken über den kontrollsüchtigen Chef, strategische Entscheidungen des Unternehmens etc. fallen. Danach stelle ich die Frage, wie es den TeilnehmerInnen geht, wenn sie sich mit unserer Aufmerksamkeit in dem einen oder anderen Kreis aufhalten, und verweise schließlich auf Seligmanns Ausführungen zur (gelernten) Hilflosigkeit.

Wichtig ist mir in der Erarbeitung dieses Modells, dass wir in dieser Welt vieles nicht direkt beeinflussen können, dass wir aber sehr wohl die Möglichkeit haben, unsere Aufmerksamkeit zu lenken. Dass es (weitgehend) in unserer Verantwortung liegt, in welchem Kreis wir uns aufhalten und dass wir damit auch erheblich unser Wohlbefinden steuern.

Diese Ausführungen sollen in keiner Weise ein Aufruf zum unreflektierten positiven Denken sein, denn das Wahrnehmen der Frustration, des Ärgers, der Verzweiflung etc., das dem roten Kreis entspringt, ist wichtig und soll zugelassen werden. Die Kunst ist jedoch, dort nicht zu verweilen, sondern diese (aggressive) Kraft zum Motor für Handlungen im grünen oder gelben Kreis werden zu lassen. Das Modell soll auch keinesfalls alle unterschiedlichen Schweregrade von Schwierigkeiten im roten Kreis vorschnell nivellieren, in dem Sinne, dass man sich ja nur davon abzuwenden brauche, und wenn man das nicht tut, ist man eben selber schuld ...! Sehr wohl bedarf eine schwere Krankheit einer genaueren, wertschätzend differenzierenden Betrachtung und darf nicht mit kleinen negativen Ereignissen verglichen werden.

Mein Zugang ist an dieser Stelle, Führungskräfte dafür zu sensibilisieren, sich immer wieder, unabhängig von den Bedingungen, auf die eigenen Ressourcen und auf das, was sie bewegen können, zu konzentrieren. Denn die letzte Möglichkeit, wenn ich eine Situation nicht verändern kann, ist immer noch, meine innere Haltung dazu zu wählen bzw. – wenn auch das einen zu großen inneren Konflikt in mir hervorruft – den Rahmen zu verlassen, wenn dies durchführbar ist. Eine Entsprechung zu diesem Modell findet sich auch bei Hendricks und Ludemann (1997).

Meiner Erfahrung nach ist das Modell der 3 Einflusskreise mit seinem dazugehörigen Ampelsystem eines, das viele Führungskräfte sehr anspricht und das sie ganz konkret (implizit oder explizit) mit ihren Teams nutzen.

Selbstmanagement & Eisenhower-Matrix

Selbstmanagement ist ein Unterpunkt der Selbstführung und meint, sich gut zu strukturieren und zu fokussieren sowie die eigene Zeit effektiv zu nützen. Methoden/Techniken dazu können sein:

- Schreibtisch zusammenräumen (innere/äußere Ordnung)
- To-do-Listen
- Done-Listen
- Pufferzeiten einplanen
- Termine für konzentriertes Arbeiten blockieren
- Bewusste Pausengestaltung
- Zeitfresser definieren und eliminieren
- Eisenhower-Matrix
- Etc.

Die Eisenhower-Matrix wurde vom US-amerikanischen Präsidenten Dwight D. Eisenhower (1890–1969) praktiziert. Schließlich lehrte er auch dieses nach ihm benannte Verfahren zur Arbeitsorganisation und zum Zeitmanagement. Mithilfe des

Eisenhower-Prinzips kann man die zu erledigenden Aufgaben nach ihrer Dringlichkeit und Wichtigkeit gruppieren und sinnvolle Prioritäten setzen. Zugleich erhält man mit dieser Methode für jede Aufgabe eine eindeutige Handlungsanweisung, ob sie von einem selbst sofort oder erst später, von jemand anderem oder eventuell gar nicht zu bearbeiten ist.

Sie ist ein praktisches Hilfsmittel, insbesondere wenn schnell entschieden werden muss, welchen Tätigkeiten der Vorzug einzuräumen ist.

Anhand der Faktoren Dringlichkeit und Wichtigkeit ergeben sich nach der Eisenhower-Methode vier Fälle zur Setzung der Prioritäten:

	dringend	**nicht dringend**
wichtig	**A / I** Sofort selbst erledigen	**B / II** Terminieren und selbst erledigen
nicht wichtig	**C / III** An kompetente MitarbeiterInnen delegieren	**D / IV** Nicht bearbeiten (Papierkorb)

Abb.: Eisenhower-Matrix

Wege zur Entspannung: Muskelrelaxation nach Jacobson

Zur inneren Verarbeitung des Themas Selbstführung, das alle TeilnehmerInnen betrifft, und als Abschluss des ersten Tages biete ich eine angeleitete Entspannungsübung an. Ich habe mich hier für die Progressive Muskelrelaxation nach Jacobson entschieden, weil sie sehr leicht zu erlernen ist und vor allem Menschen, die sich wenig mit mentalen Techniken auseinandersetzen, einen körperlich unmittelbaren und leicht annehmbaren Weg zur Entspannung eröffnet.

Nach der Entspannungsübung ist noch Zeit und Raum für einen Austausch über das Erlebte, darüber, was leicht- oder schwergefallen ist, und über andere Möglichkeiten zur Entspannung wie Autogenes Training, Sauna, Massage etc.

Bewegte Pause: Langsames Laufen mit bewusstem Einsatz des Atems

Nach einer Pause gibt es eine optionale Laufgruppe, bei der ich bei langsamem Lauftempo Angebote zum bewussten Einsatz des Atems und zum Lenken der Aufmerksamkeit auf verschiedene Körperregionen setze.
Beim gemeinsamen Dehnen im Anschluss wird meist noch informell über Sport im Alltag, die unterschiedlichen energetischen Qualitäten verschiedener Sportarten und die Möglichkeiten und Grenzen dabei gesprochen.
Manchmal findet auch keine Lauf-, sondern eine „Gehgruppe" statt, wenn die Mehrheit der TeilnehmerInnen das wünscht.

Wichtig ist mir der gemeinsam erlebte Aspekt der Bewegung und der frischen Luft, körperlich im Sinne des Adrenalinabbaus und psychisch, um die Sinne zu aktivieren und dadurch Abstand zur kognitiven Arbeit zu gewinnen.

Förderung von Gewahrsein durch Meditation

Der zweite Tag beginnt mit einer Morgenmeditation. Alle TeilnehmerInnen, die Interesse daran haben, können hier z. T. erste Erfahrungen mit Meditation machen bzw. die eigene Erfahrung in der Gruppe erweitern. Es sind immer wieder 1–2 Personen dabei, die bereits praktizieren und ihre Erfahrungen damit in der anschließenden Nachbesprechung zur Verfügung stellen.

Die Morgenmeditation biete ich an, um neben mentalen Techniken und körperlichen Entspannungsmöglichkeiten auch einen geistig-seelischen Weg zur eigenen Mitte aufzuzeigen. Wichtig ist mir hier, ein überkonfessionelles Angebot zu setzen, Hemmschwellen zu verringern oder Vorurteile bzgl. Meditation durch andere Sichtweisen zu ergänzen. Anregungen für die Meditationsanleitung erhalte ich aus zahlreichen Seminaren bei Sylvester Walch und aus den Büchern von Walch, S., (2011) und Hendricks, G., et al., (1997) und Kornfield, J., (2010).

Der zweite Seminartag ist der gesundheitsförderlichen Ausgestaltung der Führungsfunktion gewidmet.

6.1.2. Gesundheitsförderlicher Führungsstil

Zu einem gesundheitsförderlichen Führungsstil gehören

- die gesundheitsförderliche Gestaltung von Arbeitsbedingungen;
- die Entwicklung eines gesundheitsförderlichen Führungsverhaltens;
- das Durchführen von Gesundheitsgesprächen;
- gesundheitsförderliche Teamführung und ein konstruktiver Umgang mit Konflikten;
- Resilienzförderung im Team;
- Führung nach oben, also das Abpuffern von Druck und das Durchsetzen (gerechtfertigter) MitarbeiterInneninteressen im Unternehmen.

Einer kurzen Zusammenfassung dieser Aspekte widmen sich die folgenden Abschnitte.

Gesundheitsförderliche Arbeitsgestaltung

Zunächst geht es um die gesundheitsförderliche und die gesundheitsbeeinträchtigende Gestaltung von Arbeitsbedingungen und Arbeitsaufgaben. Hier stelle ich einerseits erprobte Maßnahmen der gesundheitsförderlichen Arbeitsgestaltung und Fallbeispiele vor, andererseits berichten Führungskräfte von Maßnahmen, die sie kennen oder bereits angewandt haben.
Gemeinsam werden Ideen zur Arbeitszeitflexibilisierung, Verringerung von Überstunden, Job Rotation oder Job Enlargement, Veränderung der Arbeitsbedingungen (Licht, Luft, Lärm, Ergonomie) und der Arbeitssicherheit diskutiert und auf ihre konkrete Anwendbarkeit im eigenen Verantwortungsbereich überprüft.

Dabei geht es nicht darum, alle nur irgend möglichen Maßnahmen aufzulisten und zu besprechen, sondern vielmehr darum, die eigene Achtsamkeit auf diesen Aspekt zu lenken und darüber nachzudenken, was konkret hilfreich sein könnte bzw. wie man von den eigenen MitarbeiterInnen Informationen erhalten könnte, was diese bräuchten.

Praxisbeispiel:
Im Rahmen eines Seminars ist im Laufe einer solchen Diskussion die Idee aufgetaucht, dass für SchichtarbeiterInnen in der Nachtschicht der Zugang zu einer warmen Speise hilfreich wäre, da man weiß, dass nach Mitternacht die Körpertemperatur abfällt und

daher oft genau zwischen 01:00 und 04:00 Uhr bei vielen SchichtarbeiterInnen besondere Müdigkeit auftritt. Diese Idee wurde dann für das Kamingespräch notiert, dort in die Diskussion eingebracht und wenig später im Unternehmen umgesetzt.

Gesundheitsförderliches Führungsverhalten

In Anlehnung an Matyssek (2011) stelle ich im Seminar 6 Kriterien gesundheitsförderlichen Führungsverhaltens vor. Diese sind:

- △ Anerkennung und Wertschätzung
- △ Interesse und Aufmerksamkeit
- △ Belastungsreduzierung und Ressourcenaufbau
- △ Gesprächsführung und Kommunikation
- △ Transparenz und Durchschaubarkeit
- △ Betriebsklima und Stimmung

MitarbeiterInnen mit Anerkennung und Wertschätzung zu begegnen, bedeutet, die Leistung von MitarbeiterInnen wahrzunehmen und dies würdigend anzusprechen, MitarbeiterInnen angemessen in Entscheidungen einzubinden, alle gleich wertschätzend zu behandeln und grundsätzlich positiv über MitarbeiterInnen und KollegInnen zu denken sowie ihnen Vertrauen entgegenzubringen.
Interesse und Aufmerksamkeit meint, sich für MitarbeiterInnen zu interessieren und Veränderungen (Aussehen, Ausstrahlung, Verhalten) wahrzunehmen und anzusprechen, die Weiterentwicklung der MitarbeiterInnen zu fördern sowie bei Verdacht auf Überbelastung („Anerkennungsfalle") gegenzusteuern.
Bei Krankenständen bedeutet es, angemessen Kontakt zu halten und MitarbeiterInnen nach jeder Abwesenheit willkommen zu heißen.

Belastungen können Führungskräfte reduzieren, indem sie arbeitsbezogene Überbelastungen abfedern, MitarbeiterInnen „den Rücken stärken", ein offenes Ohr für Probleme haben und da sind, wenn sie gebraucht werden. Ressourcen der MitarbeiterInnen aufbauen bedeutet, diese in ihren Kompetenzen durch entsprechende Aufgaben und Schulungsmaßnahmen zu stärken und sie in ihrer Entwicklung bewusst zu unterstützen.
Gesprächsführung und Kommunikation meint, den Kontakt zu MitarbeiterInnen zu pflegen, regelmäßig Gespräche zu führen und dabei vor allem gut zuzuhören. Kommunikation bedeutet aber auch, für einen guten Informationsfluss im Team zu sorgen und relevante Inhalte zeitnah und strukturiert weiterzugeben. Transparenz und Durch-

schaubarkeit heißt, Klarheit bezüglich der zu erreichenden Ziele und einzuhaltenden Spielregeln zu schaffen, eine Kultur offenen Feedbacks zu etablieren und klare Vereinbarungen zu treffen. Führungskräfte können schließlich für ein gutes Betriebsklima und eine angenehme Stimmung sorgen, indem sie Freundlichkeit und einen respektvollen Umgang vorleben und unter den MitarbeiterInnen fördern, indem sie diese möglichst gerecht behandeln.

Diese Inhalte erarbeite ich mit den am Seminar teilnehmenden Führungskräften in einer gemeinsamen Diskussion. Anschließend schätzen die Führungskräfte ihr persönliches Führungsverhalten mittels eines Fragebogens selbst ein und überprüfen es in der Selbstreflexion auf gesundheitsförderliche und -hinderliche Aspekte (siehe Anhang). Die Ergebnisse der Fragebögen werden paarweise oder in Kleingruppen weiter bearbeitet. In Gruppen, die im Alltag miteinander zu tun haben, kann hier eine Feedbackübung als Ergänzung der Selbstwahrnehmung durch Fremdwahrnehmungen sehr erkenntnisreich sein. Am Ende notiert sich schließlich jede Führungskraft 1–2 möglichst konkrete Verhaltensweisen, die sie in Zukunft bewusst verstärken oder unterlassen möchte.

Gesunde Gespräche – Gesundheitsgespräche

Damit komme ich zu einem weiteren Kernstück von GESUND FÜHREN: den Gesundheitsgesprächen. In diesen Gesprächen werden die in Kapitel 3 bereits erwähnten Modelle der Gratifikationskrisen und des Zusammenhangs zwischen Fehlzeiten und psychologischem Arbeitsvertrag vorgestellt. Zu den Gesundheitsgesprächen gehören folgende Gesprächsvarianten:

- Das Willkommensgespräch
- Das Stabilisierungsgespräch
- Das Arbeitsbewältigungsgespräch
- Das Fehlzeitengespräch
- Der anerkennende Erfahrungsaustausch

Anwendungsfelder und Leitfäden der einzelnen Ausprägungen zu den Gesundheitsgesprächen finden sich im Anhang. Gemeinsam ist allen Gesprächsvarianten, dass sie dazu beitragen sollen, arbeitsbedingte Fehlzeitenverursacher zu identifizieren und möglichst auf deren Motive einzugehen. Alle Gespräche sollen von einer grundsätzlichen Haltung der Wertschätzung und des Respekts getragen sein und dem/der MitarbeiterIn das Gefühl geben, als Mensch gesehen zu werden. Die Leitfäden zu den Gesundheitsgesprächen sollen es den Führungskräften erleichtern, nicht sachbezogene Themen explizit anzusprechen und sich dabei ihrer Funktion und Aufgaben bewusst zu sein. Viele Führungskräfte sind es gewohnt, sachlich zu kommunizieren, Ziele zu transportieren und über Aufgaben zu sprechen. Zwischenmenschliche oder persönliche Themen anzusprechen, fällt vielen nicht leicht, und es tauchen Fragen auf:

Praxisfragen

- Was darf ich ansprechen, ohne dem/der GesprächspartnerIn zu nahe zu treten?
- Wie kann ich Persönliches ansprechen, um den/die andere/n damit auch zu erreichen?
- Wenn ich den Verdacht habe, dass ein/e MitarbeiterIn Burn-out-gefährdet ist, wie spreche ich das an?
- Wo beginnt die Privatsphäre, was ist meine Verantwortung als Führungskraft?
- Darf ich jemandem empfehlen, sich Unterstützung zu holen? Wenn ja, wie mache ich das am besten?
- ...

Schwierige Themen werden aus Vorsicht oft gar nicht oder zu direkt angesprochen: „Wenn du so weitermachst, kriegst du noch ein Burn-out." Durch Trennen von Wahrnehmung, Interpretation und Wirkung können hier schnell Hemmungen abgebaut werden. So geht es bei der Kommunikation über wahrgenommene Symptome (z. B. ständige Abgeschlagenheit, Müdigkeit ...,) darum, die eigene Wahrnehmung als solche zur Verfügung zu stellen, dabei immer korrigierbar zu bleiben und dem/der MitarbeiterIn zu ermöglichen, belastendes Material anzusprechen. Sollten die Belastungen mit der Arbeit zu tun haben (z. B. schlechte Luft, zu wenig Licht, Konflikte im Team oder mit der Führungskraft...), so ergibt sich für die Führungskraft Handlungsbedarf. Sollte das belastende Material in keinem Zusammenhang mit der Arbeit stehen und auch nicht unmittelbar zu verändern sein (z. B. häusliche Pflege eines Angehörigen), so können Führungskräfte danach trachten, die Arbeitsbedingungen, soweit möglich, zu verändern (z. B. durch flexiblere Arbeitszeiten).

Entzieht sich die Lösung eines Problems gänzlich dem Einflussbereich der Führungskraft, so ist das für Führungskräfte mitunter schwer auszuhalten – sind Führungskräfte doch darauf trainiert, Probleme zu analysieren und schnell Lösungen zu finden. Hier kommt es häufig zu Gesprächsabbrüchen („Ich kann ihm ja sowieso nicht helfen“). Dass hier ein entsprechendes Kontaktangebot im Sinne der sozialen Unterstützung hilfreich sein kann, auch wenn keine Lösung in Sicht ist, wird vielen Führungskräften erst in der Auseinandersetzung im Seminar bewusst. Die Rolle der sozialen Unterstützung durch Führungskräfte findet sich auch bei Matyssek (2011).

Keinesfalls sollten Führungskräfte im Übereifer Diagnosen stellen oder in eine TherapeutInnenrolle schlüpfen. Vielmehr erscheint es wichtig, sich der eigenen Grenzen bewusst zu werden und zu wissen, dass diese Grenzen (auf sozial verträgliche Art) kommuniziert werden dürfen. Es ist schließlich Aufgabe der Führungskraft, Unterstützungsangebote seitens des Unternehmens anzubieten oder zu vermitteln.

Die Gesundheitsgespräche werden im Seminar nicht nur theoretisch besprochen und reflektiert, sondern auch in Form von Rollenspielen geübt und anhand des Kontaktbogens reflektiert.

Gesundheitsförderliche Teamführung und Umgang mit Konflikten

Im Anschluss an die Gesundheitsgespräche, die in der Praxis meist unter 4 Augen stattfinden, gehen wir auf gesundheitsförderliche Aspekte in der Teamführung ein. Dabei beziehe ich mich auf gruppendynamische Erkenntnisse über Rangdynamik (siehe dazu Raoul Schinder in: Gellert und Nowak, S. 206) und Gruppen- bzw. Teamphasen (siehe dazu Tuckman, 1965, in: Gellert und Nowak, S. 215, und Bennis & Shepard in: Majce-Egger, S. 104) sowie auf das Modell des Situativen Führens von Hearsey & Blanchart. Auch Grundlagen der Konfliktbearbeitung (siehe dazu Glasl bzw. Kellner) werden kurz dargestellt.

Gemeinsam erarbeiten und sammeln wir Aspekte, die in der Teamführung gesundheitsförderlich sind, wie z. B. die klare Kommunikation von (realistischen) Zielen, gerechte Verteilung der Arbeit, ein dem Reifegrad der Gruppe und der Aufgabe angemessener Führungsstil, angemessener Umgang mit Information etc. Besonders häufig kommt es zu Konflikten in Teams, weil die Führungskraft dem Reifegrad des Teams entsprechend „zu wenig" führt und Konflikten aus dem Weg geht. Dadurch werden Reibereien und Konkurrenzsituationen gefördert, das Team zerbricht.

Ich möchte daher Führungskräfte für eine grobe Analyse von auftretenden Konflikten sensibilisieren, indem sie eine erste Unterscheidung treffen, auf welcher bzw. welchen Ebenen ein Konflikt angesiedelt ist. In Organisationen lassen sich dabei die Strukturebene, die Führungsebene, die Beziehungsebene und die Personebene als Wurzeln von Konflikten herausarbeiten, wobei meist mehrere Ebenen an einem Konflikt beteiligt sind. Wenn ein Konflikt entsprechend analysiert wurde, wird auch die Interventionsrichtung klarer.

Wenn wir von Konflikten sprechen, ist es zunächst wichtig, zu definieren, was man mit einem Konflikt meint. Soziale Konflikte sind nach Jost durch folgende Faktoren gekennzeichnet:

- △ Mindestens 2 Personen agieren in einer Situation.
- △ Jede Partei handelt entsprechend ihren eigenen Zielen und Interessen.
- △ Die Parteien sind voneinander abhängig.
- △ Es existiert ein Handlungsspielraum, in dem die Parteien eigene Entscheidungen treffen können (vgl. Schulz, 2006).

Signale für einen Konflikt (im Team) können nach Boy et al. (1994) sein:

- △ Schlechte Teamstimmung
- △ Aggressiver Kommunikationsstil
- △ Verhärtete Diskussionen
- △ Killerphrasen und Schlagworte unter der Gürtellinie
- △ Themen werden zerredet.
- △ Keine Kompromissbereitschaft
- △ Rückzug bis Abwesenheit von MitarbeiterInnen
- △ Weigerung, Aufgaben zu übernehmen, Verweis auf andere
- △ Unaufmerksamkeit, Passivität, Vermeidung von Augenkontakt
- △ Flucht in andere Arbeiten außerhalb des Projektes
- △ Heimliche Blockaden: Aussagen und Handeln klaffen auseinander.
- △ Nicht eingehaltene Vereinbarungen
- △ Unpünktlichkeit
- △ Unzuverlässigkeit
- △ Usw.

Konflikte sind nicht per se negativ, denn sie fördern Innovation, führen zu Selbsterkenntnissen, bearbeiten Unterschiede und festigen Gruppen, stimulieren Kreativität, lösen Veränderungen aus oder festigen das Bestehende, regen Interesse an und verhindern Stagnation. Schlicht: Konflikte verlangen nach Lösungen.

Das im Konflikt liegende Energiepotenzial fördert sozialen Wandel und Fortschritt, denn Konflikte machen immer deutlich, dass es Probleme gibt, die bearbeitet werden wollen. Wenn ein Konflikt nicht bearbeitet wird, erfasst er den ganzen Menschen, selbst wenn er sich dessen nicht bewusst ist, und beeinflusst seine Taten, Gedanken und Gefühle. Der nicht behandelte Konflikt bleibt als negative Energie immer im Hintergrund – bis zu dem Moment, in dem er in Form von Streit, psychosomatischer Krankheit oder Ähnlichem explodiert. Verdrängte und nicht bearbeitete Konflikte kommen immer irgendwann an die Oberfläche (vgl. Team Schlick, 2003) und zeigen sich nach Höher & Höher (2002) in

- persönlicher Verunsicherung und Orientierungslosigkeit,
- negativem Betriebsklima,
- Stress und psychischer Belastung der Betroffenen,
- Störungen im betrieblichen Ablaufprozess,
- Ressourcenverschwendung,
- veränderter Wahrnehmung der Realität,
- Emotionalisierung auf Kosten von Sachlichkeit und Vernunft.

Eine konstruktive Bearbeitung von Konflikten ist daher für die gesundheitsförderliche Arbeit von großer Bedeutung. Es gibt dabei kein allgemeingültiges Rezept, um mit Konflikten zurechtzukommen, da es auch keine Standardlösung gibt. Jede Konfliktsituation ist einzigartig und muss individuell behandelt werden. Die Lösung sollte auf die spezielle Situation zugeschnitten sein und im Einklang mit dem Wertesystem und den Gefühlen der Beteiligten stehen, sonst ist es eben keine befriedigende Lösung.

Doch wenn ein Konflikt entsprechend analysiert wurde, wird auch die Interventionsrichtung klarer. Eine grobe Analyse von auftretenden Konflikten ist durch eine erste Unterscheidung möglich, auf welcher Ebene bzw. welchen Ebenen ein Konflikt angesiedelt ist. In Organisationen lassen sich dabei die Strukturebene, die Führungsebene, die Beziehungsebene und die Personebene als Wurzeln von Konflikten herausarbeiten, wobei meist mehrere Ebenen an einem Konflikt beteiligt sind. Im Erkennen der Art des Konfliktes steckt meist schon ein Lösungsansatz. Man kann Konflikte auch nach ihren Ursachen und den Situationen, in denen sie auftreten, klassifizieren. Wir unterscheiden dabei Rollenkonflikte, Verteilungskonflikte, Beziehungskonflikte, Zielkonflikte, Methodenkonflikte, Wertekonflikte, Wahrnehmungskonflikte etc.

Fragen wie die folgenden führen zum Konfliktkern, der letztlich in Form eines Satzes festzumachen ist. Dabei müssen beide Konfliktparteien ihre Sichtweise in diesem Satz wiederfinden. Folgende Fragen gilt es zu beantworten:

- Worum geht es eigentlich? Was sind die zentralen Themen?
- Wie beschreiben die einzelnen Parteien den Konflikt?

- Gibt es Gemeinsamkeiten, Unterschiede in der Beschreibung?
- Wie weit kennen die Beteiligten die Sichtweise der Gegenseite?
- Gibt es Theorien über die Ursachen des Konflikts?
- Welche Veränderungen halten die Parteien für notwendig (vgl. Höher/Höher, 2002)?

Um Konflikte als Führungskraft gut angehen zu können, ist es hilfreich, sich über persönlich bevorzugte Konfliktstrategien im Klaren zu sein und das eigene Repertoire diesbezüglich möglichst zu erweitern. Mit Konfliktstrategien ist die innere Haltung gemeint, die wir einnehmen, wenn wir einem Konflikt begegnen.

Hier die häufigsten Haltungen:

- *Vermeiden.* Die erste, manchmal scheinbar einfachste Variante ist das Vermeiden des Konflikts. Wir versuchen dem Konflikt und/oder dem Konfliktpartner/der Konfliktpartnerin aus dem Weg zu gehen. Jedoch die wenigsten Konflikte lösen sich durch Vermeiden, also von selbst.
- *Durchsetzen.* Eine weitere Variante, mit Konflikten umzugehen, ist der Wunsch zu beweisen, dass wir im Recht sind. Wir versuchen uns auf Kosten des anderen durchzusetzen. Jedoch in den meisten Konflikten haben beide Parteien recht.
- *Nachgeben.* Das Pendant zur Durchsetzungsstrategie ist das Nachgeben. Da aber jede/r gerne gewinnen möchte, muss der/die GewinnerIn damit rechnen, dass jener/jene, der/die nachgibt, zu einem späteren Zeitpunkt zum „Gegenangriff“ ansetzt.
- *Kompromiss.* Bei einem Kompromiss versuchen beide Parteien, die Bedürfnisse des anderen zu berücksichtigen. Sie sind bereit, zugunsten einer Einigung Abstriche zu machen. Beide gehen von ihrem Idealziel weg und treffen sich in der Mitte. Beide gewinnen und verlieren zugleich. Hier kommt es bisweilen zu inhaltlich schlechten Lösungen und geringer Zufriedenheit beider Parteien.
- *Kooperation/Konsens.* Die Konfliktparteien sind bemüht, eine Lösung zu finden, die die Interessen und Bedürfnisse beider Parteien berücksichtigt. Das ist die sogenannte Win-win-Strategie, die allerdings zeitaufwendig und nicht immer realisierbar ist.

Als Führungskraft einen Konflikt zu begleiten und eine Lösung zu erarbeiten, bedarf viel Fingerspitzengefühls. Zunächst sollte die Führungskraft ausloten, was die Beteiligten selbst lösen können. Falls ein derartiges Gespräch nicht fruchtet, ist es sinnvoll, sich als Führungskraft beide Seiten getrennt voneinander anzuhören und anschließend zu einem gemeinsamen Gespräch einzuladen. Hier ist die Haltung und Vorgehensweise der Führungskraft entscheidend.

Hilfreiche Tipps

- Fragen Sie zu Beginn des Gesprächs alle Beteiligten, ob sie eine Lösung finden wollen, und lassen Sie sich dies von jedem/jeder bestätigen.
- Alle beteiligten Parteien sollten ihre Sichtweise, worum es im Konflikt geht, vorbringen können und angehört werden. Dabei sollte der Redeanteil nicht zu unausgewogen sein. Versuchen Sie hier im Sinne des Konfliktkerns auf einen Konsens zu kommen („Es geht also um ...“).
- Sie können in „heißen“ Konflikten auch Gesprächsregeln einführen, wie z. B. dass immer nur eine/r redet. Jede/r darf ausreden, aber nicht ausschweifen. Ziel ist das Finden einer Lösung. Schuldzuweisungen helfen nicht weiter. Wir diskutieren über die Sache. Persönliche Angriffe sind nicht erlaubt.
- Unterbrechen Sie sofort, wenn die Spielregeln nicht eingehalten werden, und weisen Sie auf die Spielregeln und die grundsätzliche Bereitschaft, die im Vorhinein abgeklärt wurde, zur Lösungsfindung hin.
- Versuchen Sie, die Konfliktparteien immer wieder dazu zu bringen, sich in den/die andere/n hineinzuversetzen, z. B. durch zirkuläre Fragen („Wenn Sie in der Situation von X wären, wie, glauben Sie, würde es Ihnen gehen ...?"). Und lassen Sie die Konfliktparteien dabei nicht ausweichen, bleiben Sie hartnäckig!
- Heben Sie Gemeinsamkeiten hervor („Sehe ich das richtig, dass Sie Punkt x und y so verstehen?“), und begrenzen Sie Themen, die noch zu bearbeiten sind („Folgende Diskussionspunkte sind damit noch offen ...“).
- Sammeln Sie gemeinsam Lösungsmöglichkeiten. Sobald in Vorwürfe zurückgefallen wird, unterbrechen Sie.
- Halten Sie eine Entscheidung für eine oder mehrere Lösungen fest und vereinbaren Sie unter Umständen einen Folgetermin, um die Nachhaltigkeit der Lösung zu überprüfen. Beobachten Sie dabei auch (körpersprachliche) Signale, ob die Entscheidung wirklich von beiden Parteien mitgetragen wird. Falls Sie ein ungutes Gefühl haben, sprechen Sie es an („Ich habe den Eindruck, Herr X, sie sind noch nicht ganz einverstanden ... Was brauchen Sie, um ja sagen zu können .../Was müssten wir noch verändern, dass ...?).

- Falls die Konfliktparteien miteinander zu keiner Lösung kommen, ist es Ihre Verantwortung als Führungskraft, eine Entscheidung zu treffen. Das muss nicht unmittelbar sein, aber kündigen Sie an, dass sie eine Entscheidung innerhalb eines bestimmten Zeitrahmens treffen werden. Stellen Sie sicher, dass allen klar ist: Wenn im Team keine Entscheidung fallen kann, übernehmen Sie das.
- Fragen Sie am Ende des Meetings nochmals alle Beteiligten, mit welchem Gefühl sie jetzt das Meeting verlassen.

Als Möglichkeit, das eigene Team auf „gesundheitsförderliche Zusammenarbeit" zu überprüfen, erhalten die Führungskräfte von mir einen Fragebogen (siehe Anhang) mit „12 Kategorien gesundheitsförderlicher Zusammenarbeit", den sie an ihre MitarbeiterInnen verteilen können. Die Vorgangsweise zur Durchführung, Auswertung und Weiterarbeit mit den Ergebnissen des Fragebogens findet sich in Kapitel 6.2.

Wenn ich den Eindruck habe, dass in einer Gruppe Wertschätzung, Vertrauen oder die Wahrnehmung bzw. interne Attribuierung von Erfolgen besonders wichtig sind, dann lasse ich vor dem Abendessen noch paarweise Interviews nach der Methode „Appreciative Inquiry" durchführen (vgl. zur Bonsen, Maleh, 2001). Diese Gesprächsform ermöglicht es häufig, aus gewohnten Denkbahnen auszusteigen und das Gegenüber aus einer anderen Perspektive zu betrachten. Übertragen auf die Führungsarbeit ermöglicht es eine Haltung der Wertschätzung, die auch für (positive) Überraschungen offen werden lässt. Gleichzeitig verstärkt das Erzählen eigener Erfolge und der dahinter liegenden persönlichen Fähigkeiten das Bewusstsein über die eigenen Ressourcen.

Resilienzförderung im Team

Der nun bereits bekannte Kurztest zum Thema Resilienz wird nun auch auf der Teamebene vorgestellt. Ich bespreche mit den TeilnehmerInnen, wie sie diesen Fragebogen gemeinsam mit dem Team verwenden und nützen können: Nach einer kurzen Einführung ins Thema durch die Führungskraft in einem Teammeeting erhält jedes Teammitglied einen „Kurztest Resilienz – Teamebene" (siehe Anhang). Alle Teammitglieder füllen diesen einzeln (und anonym) aus, und zwar nicht auf sich selbst, sondern auf das gesamte Team bezogen. Dabei sind Aussagen wie „Was vorbei ist, ist vorbei" oder „Mit Unabänderlichem können wir uns ganz gut abfinden" zu bewerten. Danach werden die Individualbewertungen des Teams durch die Teammitglieder zusammengefasst und man erhält eine Gesamtbewertung des Teams. Hier sind einerseits die Mittelwerte/Faktor, aber auch die Streuung (wie ähnlich/unterschiedlich bewerten die

Einzelpersonen einen Faktor) interessant. Danach wird in etwa so vorgegangen wie auf Personebene: Es werden Beispiele gesammelt, warum Faktoren höher/niedriger sind („Warum haben wir bei Faktor X eine Bewertung von z. B. 8,5?). Über diese Brille kommt man im Team oft sehr schnell zu relevanten Themen wie der Kultur der Zusammenarbeit, Vertretungsregelungen etc. Im Anhang ist die Auswertung und Bearbeitung des Resilienz-Kurztests auf Teamebene anhand eines Leitfadens skizziert.

Führen nach oben – Kamingespräch

Nicht nur MitarbeiterInnen, auch Vorgesetzte wollen geführt werden. Inhaltlich oft weniger tief in eine Sache eingearbeitet, müssen trotzdem Entscheidungen getroffen werden. Gesund „nach oben" zu führen bedeutet, Verantwortung zu übernehmen und Entscheidungen gut vorzubereiten bzw. Wege vorzuzeichnen. Das erhöht, sachlich gesehen, die Erfolgsquote und führt aus der Opferrolle hin zum selbstgesteuerten Handeln – beides Dinge, die das Wohlbefinden und damit die Gesundheit positiv beeinflussen. Gabarro und Kotter (2002) empfehlen folgende Vorgehensweisen:

- Versuch, die Ziele und Hintergründe des Verhaltens der Führungskraft zu verstehen, sich in Lage des/der anderen hineinzuversetzen (gibt es zum Beispiel Druck von oben?)
- Den Arbeitsstil der Führungskraft erkunden und die Art und Weise der Berichterstattung bzw. Information daran anpassen (bevorzugt die Führungskraft schriftliche Kommunikation oder will sie lieber verbal – telefonisch oder persönlich – informiert werden)
- Vor dem Abgeben einer Lösungsidee die Führungskraft persönlich wie inhaltlich abholen und auf den aktuellen Stand bringen
- Statt Probleme aufzuwerfen unterschiedliche Lösungsszenarien vorbereiten und durch Vorausdenken und Wahlmöglichkeiten Entscheidungen erleichtern. Dabei Hypothesen über mögliche Szenarien formulieren und Konsequenzen ansprechen
- Nach Meetings schriftlich die Ergebnisse und die Maßnahmen (wer/was/bis wann) zusammenfassen und an alle Beteiligten verteilen
- Proaktive Information der Führungskraft, auch bei Problemen!

Häufig hilft es auch, mit dem/der Vorgesetzten zu besprechen, wie er/sie sich die Kommunikation und Zusammenarbeit vorstellt – dabei wiederum Alternativen anbieten. Im Sinne von „Auseinandersetzung mit Führungsthemen und Führen nach oben" gibt es im Zuge des Seminars nach dem Abendessen in manchen Organisationen ein Kamingespräch mit der Geschäftsführung oder mit Verantwortlichen für das Betriebliche Gesundheitsmanagement. Bei diesem Kamingespräch wird über GESUND FÜHREN und Gesundheitsförderung im Unternehmen diskutiert. Häufig werden auch persönliche Fragen zum Thema an die Geschäftsleitung gestellt. Ein Schwerpunkt ist die Diskussion gesundheitsrelevanter, firmenspezifischer Spielregeln wie z. B. die Anforderung an Erreichbarkeit (wie sehr müssen/sollen Führungskräfte in der Freizeit, am Wochenende, im Urlaub für KollegInnen oder Vorgesetzte erreichbar sein).

In der Vorbereitung des Kamingesprächs werden Themen adressiert, die mit der Geschäftsleitung besprochen werden sollten. Gleichzeitig werden auch Strategien für das Vorbringen von Anliegen erarbeitet, um höchstmögliche Erfolgschancen für die Umsetzung der Verbesserungsvorschläge zu haben. „Führen nach oben" bedeutet, aus einer Haltung der Lösungsorientierung zu handeln und dabei den Mut zu haben, kritische Themen offen anzusprechen und die eigenen Argumente nutzenorientiert vorzubringen.

Praxisbeispiele

Das Ergebnis eines Kamingesprächs war z. B. die Anschaffung eines Automaten, der in der Nachtschicht für alle SchichtarbeiterInnen warme Suppen und andere Speisen bereitstellt. Das wurde auf Basis der Erkenntnis, dass die Absenkung der Körpertemperatur in der Nacht auch zu einer verstärkten Müdigkeit unter den Schichtarbeitern führt, entschieden.

In einem anderen Kamingespräch wurde die systematische Überbelastung einiger MitarbeiterInnen, die bereichsübergreifend in einer bestimmten Funktion im Betrieb tätig waren, angesprochen. Bisher war diese Funktion durch erhöhte Fluktuation und vermehrte Konflikte aufgefallen. Als Folge des Kamingesprächs wurde ein eigener Workshop abgehalten, der eine Umstrukturierung und Veränderung der Aufgaben und Kompetenzen dieser MitarbeiterInnen zur Folge hatte. Innerhalb weniger Monate konnte die Belastung erheblich reduziert werden, womit sich die Lage beruhigte, die Konflikthäufigkeit sank und die Fluktuation nachließ.

Das Kaminbespräch beendet den zweiten Seminartag.

Am Morgen des dritten Tages findet wieder eine Morgenmeditation statt, manchmal in derselben Art wie am ersten Tag, manchmal in anderer Weise.

6.1.3. Mit gesundheitsbezogenen Herausforderungen umgehen

Der Vormittag steht im Zeichen der besonderen gesundheitsbezogenen Herausforderungen für Führungskräfte. Dazu gehören die Themen Sucht, Burn-out, Langzeitkrankenstände, Mobbing, die Führung von zyklisch „ungerechtfertigt" Abwesenden und das Managen von aktuellen Krisensituationen.
Nachdem jedes einzelne dieser Themen sehr groß ist, setze ich hier meist 2 für die Gruppe besonders relevante Schwerpunkte. Einen groben Überblick über die anderen Themen können sich die TeilnehmerInnen durch Selbststudium des Skriptums erwerben.
Im Wesentlichen geht es dabei um einige Kerninformationen zum Thema und die diesbezüglichen Handlungsmöglichkeiten der Führungskraft. Insgesamt lebt die Arbeit an diesen Themen von einer guten Mischung aus Informationsvermittlung und Erfahrungsaustausch. Ich möchte die einzelnen Themen in diesem Buch nur in wenigen Zeilen beschreiben, weil eine ausführliche Darstellung den Rahmen sprengen würde.

Burn-out

Burn-out ist in aller Munde. Häufig ist die Haltung dazu sehr ambivalent, von großer Betroffenheit einerseits bis hin zu einem „Nicht-Wahrhaben-Wollen" des Problems andererseits. „Gibt es das denn wirklich – ist das nicht nur gespielt?" ist eine oft gestellte Frage. Dabei herrscht eine große Unsicherheit bezüglich der Verantwortung, die eine Führungskraft hier hat. „Bin ich schuld, wenn ich es nicht erkenne, dass mein Mitarbeiter Burn-out-gefährdet ist?" Oft werden auch Fallbeispiele eingebracht, die Führungskräfte direkt oder indirekt miterlebt haben.
Mir geht es hier um Wissensvermittlung, um eine angemessene Verantwortungsübernahme zu ermöglichen. Ich beschreibe im Seminar den Burn-out-Zyklus nach Freudenberger und gehe dann explizit auf Symptome ein, die in der Arbeit auf eine bereits länger andauernde Überbelastung hinweisen können (Fehlerhäufigkeit, Konzentrationsschwierigkeiten, Veränderung im Sozialkontakt oder in den Pausengewohnheiten, krankheitsbedingte Fehlzeiten, Veränderungen in der Stimmung und im Verhalten etc.).

Ausgebrannt sein (englisch: Burn-out-Syndrom) bezeichnet einen besonderen Fall berufsbezogener, aber auch familiär bedingter chronischer Erschöpfung. Erstmalig verwendete der Psychoanalytiker Herbert Freudenberger 1974 diesen Begriff. Man spricht dabei von einem Syndrom, weil es sich um einen Zustand handelt, der sich erst aus der Summe der verschiedenen Symptome definieren und feststellen lässt. Burn-out entwickelt sich über einen längeren Zeitraum, der bis zu 10 Jahre andauern kann. Es kann davon ausgegangen werden, dass es sich um die Reaktion auf permanent bestehende, schädliche Stressbelastungen handelt. „Ausbrennen“ ist grundsätzlich in jedem Beruf, an jedem Arbeitsplatz und in jeder Lebenssituation möglich.

Risikogruppen: Menschen, die große Verantwortung tragen, zählen eher zur Risikogruppe. Für viele erweist es sich als Schwierigkeit, mit der Verantwortung und dem großen Druck umzugehen, wodurch es zur länger andauernden Überforderung kommen kann.

Gefährdet sind vielfach Menschen, die mit anderen Menschen arbeiten, die dabei auf andere einwirken wollen oder müssen, Verantwortung und Entscheidungen für diese zu übernehmen haben und sich verständnisvoll in andere einfühlen beziehungsweise bei Problemen anderer mitleiden. Dabei handelt es sich oft um Berufe mit einem hohen Anspruch an Perfektion und Kreativität, hohen Anforderungen und Zeitdruck gekoppelt mit geforderter professioneller Freundlichkeit.

Burn-out beginnt häufig mit dem Zwang, sich etwas beweisen zu wollen und endet mit dem totalen Zusammenbruch.

- **Phase 1–3**
  Der Zwang, sich selbst zu beweisen. Perfektion, mangelnder Selbstwert, übertriebene Erwartungen an sich selbst; eigene Bedürfnisse verlieren an Wert. ➚ Externe Hilfe ab Phase 3 (Beratung, Supervision, Psychotherapie)!
- **Phase 4–6**
  Verdrängung von Konflikten und Bedürfnissen. Der Druck steigt, die Werte verschieben sich. Aussagen wie „Ich habe keine Zeit für Freunde", „Ich kann heuer keinen Urlaub machen" sind typisch. Abwertung anderer, sozialer Rückzug und Leistungseinbuße. Schlafstörungen, Kopf- und Magenweh treten auf. ➚ Zusätzliche ärztliche Betreuung ab Phase 6!
- **Phase 7–9**
  Rückzug, Hoffnungs- und Orientierungslosigkeit. Man verliert das Gefühl für die eigene Persönlichkeit, funktioniert nur mehr wie ein Roboter. Manche betäuben sich mit Alkohol oder pushen sich mit Medikamenten. Hoher Blutdruck, Engegefühl in der Brust, Panikattacken führen zum Arzt.
- **Phase 10–12**
  Innere Leere, „Ich bin am Ende!" Die Depression bestimmt das Leben. Mutlosigkeit, Einsamkeit, totale körperliche, geistige und emotionale Erschöpfung führen zum Zusammenbruch. Selbstmordgedanken.

Warnsymptome für Burn-out können sein:

Warnsymptome der Anfangsphase

- vermehrtes Engagement für Ziele, Hyperaktivität; freiwillige unbezahlte Mehrarbeit
- Gefühl der Unentbehrlichkeit und Gefühl, keine Zeit zu haben
- Verleugnung eigener Bedürfnisse, Verdrängung von Misserfolg und Enttäuschung
- Beschränkung sozialer Kontakte auf die Arbeit

Reduziertes Engagement für andere Menschen und die Arbeit sowie erhöhte Ansprüche

- △ Verlust positiver Gefühle gegenüber Patienten, Kunden, Klienten; größere Distanz
- △ Aufmerksamkeitsstörungen in der Interaktion, Schwierigkeiten zuzuhören
- △ Schuldzuweisungen für Probleme an andere
- △ Verlust von Einfühlungsvermögen sowie Verständnislosigkeit
- △ Unfähigkeit, etwas zu geben, und Konzentration auf eigene Ansprüche
- △ Negative Einstellung und Widerwillen gegen die Arbeit
- △ Verspätungen, überzogene Pausen, Fehlzeiten
- △ Verlagerung des Schwergewichts auf die Freizeit
- △ Gefühl mangelnder Anerkennung und Gefühl, ausgebeutet zu werden
- △ Vermehrte Konflikte mit Partner/Partnerin und Kindern

Emotionelle Reaktionen (Depression/Aggression) und Schuldzuweisungen

- △ Schuldgefühle, Selbstmitleid, Humorlosigkeit, Gedankenverlorenheit
- △ Reduzierte Selbstachtung und das Gefühl, wertlos zu sein; Selbstmordgedanken
- △ Abrupte Stimmungsschwankungen, verringerte emotionale Belastbarkeit
- △ Abstumpfung, Neigung zum Weinen, Hilflosigkeits- und Ohnmachtsgefühle
- △ Schuldzuweisung an andere oder „das System“, Vorwürfe an andere
- △ Intoleranz, Kompromissunfähigkeit
- △ Reizbarkeit, Misstrauen, häufige Konflikte mit anderen

Abbau von Leistungsfähigkeit im Denken, Abbau von Motivation und Kreativität

- △ Konzentrations-, Gedächtnisschwäche, Entscheidungsunfähigkeit
- △ Unfähigkeit für komplexe Aufgaben, Ungenauigkeit, Desorganisation
- △ Unfähigkeit, klare Anweisungen zu geben
- △ Verringerte Initiative und verringerte Produktivität, „Dienst nach Vorschrift“
- △ Verringerte Phantasie und Flexibilität, rigides Schwarz/Weiß-Denken
- △ Widerstand gegen Veränderungen aller Art

Verflachung des Lebens in allen Bereichen

- △ Gleichgültigkeit, Verflachung gefühlsmäßiger Reaktionen
- △ Meidung persönlicher Kontakte, weniger persönliche Anteilnahme am Leben anderer
- △ Vermeiden von Gesprächen über die eigene Arbeit, Eigenbrötelei, Einsamkeit
- △ Aufgeben von Hobbys, Desinteresse, Langeweile

Psychosomatische Reaktionen

- △ Schwächung der Immunabwehr, Unfähigkeit zur Entspannung in der Freizeit
- △ Schlafstörungen, Herzklopfen, Brustenge, Atembeschwerden, Bluthochdruck
- △ Muskelverspannungen, Rücken-, Kopfschmerzen, Tinnitus, sexuelle Probleme
- △ Verdauungsstörungen, Übelkeit, Magen/Darmgeschwür, Gewichtsveränderungen
- △ Alkohol-, Kaffee-, Nikotin-, Drogenkonsum ...
- △ Angststörungen, Panikattacken, negative Einstellung zum Leben, Hoffnungslosigkeit
- △ Gefühl der Sinnlosigkeit, Selbstmordabsichten

Beispiel für den Verlauf eines Burn-out-Prozesses:

Der Beginn erscheint von außen positiv: Viele Burn-out-Gefährdete gelten als aktiv, dynamisch, zupackend, ideenreich, engagiert bis überengagiert. Vermehrter Einsatz, freiwillige Mehrarbeit, der subjektive Eindruck der eigenen Unentbehrlichkeit, das Gefühl, eigentlich nie mehr richtig Zeit zu haben und damit wachsende Verleugnung eigener Bedürfnisse gehören zum Alltag dieser Menschen. Oft begleitet diesen Prozess auch eine zunehmende Beschränkung zwischenmenschlicher Kontakte.

Viele jener an sich guten Eigenschaften stellen sich bei näherer Betrachtung als Nährboden für Burn-out heraus. Nach und nach wird das (Über-)Engagement durch eine sich langsam ausbreitende Erschöpfung gebremst, die der Betroffene zu Beginn durch noch größere Anstrengungen bekämpfen und nicht wahrhaben will. Jetzt drohen verminderte Belastbarkeit, wachsende Stimmungslabilität und vor allem eine bisher nicht gekannte Erholungsunfähigkeit – „Ich kann nicht abschalten".

Auch eine zunehmende Infektanfälligkeit gehört zum Erscheinungsbild, meist ständige Erkältungen und Grippeinfekte. Die Betroffenen werden müde im Sinne einer eigenartigen, alles durchdringenden Mattigkeit. Man erkennt diese Menschen angesichts ihres früheren Engagements oft kaum wieder. Langsam aber stetig wird das Leistungsvermögen, die Motivation, die Kreativität, die Gedächtnisleistung abgebaut. Es behindern immer häufiger Merk- und Konzentrationsstörungen und Vergesslichkeit die Arbeitsfähigkeit. In diese Zeit fallen auch die ersten ernsten körperlichen Beschwerden, oft ohne nachweisbaren Befund. Meist stellen sich jetzt auch Partnerprobleme und allgemeine familiäre Schwierigkeiten ein. Der Betroffene beginnt wie eine Kerze an beiden Seiten abzubrennen. Auch zu Hause gibt es nämlich keine Erholungsmöglichkeiten mehr. Ein allgemeiner sozialer Rückzug ist die Folge.
In diese Zeit fällt deshalb auch nicht selten ein wachsender Alkohol-, Nikotin- und Kaffee- oder Drogenkonsum, möglicherweise ungesteuerte, weil verzweifelte und vor allem nicht ärztlich kontrollierte Selbstbehandlungsversuche mit Beruhigungs-, Schmerz- und Schlafmitteln. Denn der Arzt wird selbst in diesem Stadium nur selten hinzugezogen und wenn, dann unter vorgeschobenen, im Grunde irrelevanten und damit irreführenden Klagen. Dieser Kreislauf betrifft oft starke Persönlichkeiten, die es als Schwäche empfinden, professionelle Hilfe zu suchen.

Alle ursprünglich positiven Gefühle werden ins Negative verkehrt. Es kommt zu einer seelischen Verhärtung und schließlich zu einer Verflachung des Gemütslebens, jedoch bei unveränderter oder wachsender Kränkbarkeit. Der für alle erkennbare Zustand ist gekennzeichnet durch Sarkasmus und Zynismus. Bald schwindet das Vertrauen in die eigene Leistungsfähigkeit, die erworbenen Kenntnisse und langjährigen Erfahrungen. Minderwertigkeitsgefühle, Unsicherheit, Ängste und depressive Verstimmung setzen ein. Was bleibt, ist eine sonderbare Mischung aus Widerwillen, Resignation, Selbstmitleid, Bitterkeit, Reizbarkeit, Aggressivität, Verzweiflung, Misstrauen, Deprimiertheit, Angst, bisweilen sogar Panik.
Die Entwertung der anderen schlägt um in die Entwertung der eigenen Person. Spätestens jetzt werden die schon lange belastenden körperlichen Beschwerden oder Krankheiten erdrückend. Der/Die ArbeitnehmerIn fehlt wegen seelischer, organischer oder psychosomatischer Beschwerden und Erkrankungen immer häufiger. Das führt zum Ende dieses Prozesses, gekennzeichnet durch abnehmende Arbeitsmoral und damit Qualitätsverlust der eigenen Leistung, innere Kündigung, seelischen Einbruch mit zahlreichen körperlichen Symptomen, mit oder ohne nachweisbaren Befund.

Dabei betone ich, dass all diese Symptome auftreten können, aber nicht unbedingt auftreten müssen, und dass eine Führungskraft nicht verantwortlich dafür ist, ein beginnendes Burn-out zu erkennen. Wenn die Führungskraft jedoch Interesse an ihren

MitarbeiterInnen hat und aufmerksam ist, ist die Chance, Veränderungen zu bemerken, ungleich höher. Es liegt in der Verantwortung der Führungskraft, die wahrgenommenen Veränderungen anzusprechen und weiterhin zu beobachten sowie High Performer nicht in eine Anerkennungsfalle tappen zu lassen. Die Regulierung von Arbeitszeiten, die Verpflichtung, überfälligen Urlaub zu konsumieren, die Regulierung der Arbeitstätigkeiten durch Ressourcenschaffung etc. sind, beispielhaft genannt, Möglichkeiten, die hier hilfreich sein können. Durch (Stabilisierungs-)Gespräche können Ursachen für die Beanspruchung herausgefunden werden. Sollten diese im Privatbereich liegen, können auch veränderte Arbeitszeitmodelle zur Unterstützung beitragen.
Hier ist viel Sensibilität gefragt, denn Burn-out-Betroffene wollen diese oder andere Unterstützungsangebote nicht immer annehmen. „Dranzubleiben“, ohne den/die betroffene/n MitarbeiterIn vor den Kopf zu stoßen, ist dann ein zu absolvierender Balanceakt.

Sollte ein/e MitarbeiterIn nach einem längeren Burn-out-bedingten Krankenstand ins Unternehmen zurückkehren, geht es um die Art und Weise der Reintegration. Arbeitszeitregelungen, unter Umständen verringerte Wochenarbeitszeit für einige Monate, klar abgegrenzte Aufgabengebiete, unter Umständen ein Wechsel in eine andere Abteilung oder zu einem anderen Aufgabengebiet bei gleichzeitiger Psychotherapie und Psychoedukation, ärztlicher Begleitung und Coaching können hier helfen. Die Führungskraft selbst muss dabei nicht nur den/die Betroffene/n selbst, sondern auch die restlichen Teammitglieder einbeziehen, denn diese haben oft monatelang für den abwesenden Kollegen/die abwesende Kollegin mitgearbeitet, sind erschöpft und erwarten rasche Entlastung durch diesen Kollegen/diese Kollegin. Ein offener, transparenter Umgang mit der Situation ist unumgänglich, um nicht Konflikten und Mobbing die Türe zu öffnen.

Suchtverhalten am Arbeitsplatz: ein Stufenplan

Das Thema „Sucht am Arbeitsplatz“ wird nach wie vor vielfach unterbewertet. In Produktionsbetrieben war noch vor einigen Jahren der Arbeiterbereich besonders von Suchtproblematiken betroffen. Mittlerweile werden Arbeitssicherheitsregelungen vor allem dort, wo mit großen Maschinen gearbeitet wird, durch das hohe Selbst- und Fremdgefährdungspotenzial vermehrt eingehalten und engmaschig kontrolliert. Dazu gehören auch z. B. Null-Promille-Regelungen.
Im Angestelltenbereich sieht es anders aus. In vielen Unternehmen ist es nach wie vor ein Kavaliersdelikt, alkoholisiert in der Arbeit zu erscheinen. Die Sensibilisierung erfolgt schrittweise, dennoch gilt häufig: „Wenn er/sie noch ihre Arbeit machen kann, schau ich auch mal drüber hinweg“ oder „Wenn das nur ab und zu vorkommt ... es feiert schließlich jeder einmal ...“ Dahinter liegt meist die Scheu, Suchtverhalten

anzusprechen und weiterzuverfolgen. Co-Abhängigkeitstendenzen aufgrund langer Freundschaft oder Bekanntschaft („Wir sind seit Jahren befreundet … er/sie hat privat große Probleme und braucht den Job, muss schließlich eine Familie erhalten") und die Unsicherheit, wie ein richtiges Vorgehen als Führungskraft auszusehen hat, verhindern das konkrete Ansprechen der Situation. Hier hilft ein klares Statement von Seiten des Unternehmens, wie im Falle eines Verdachts auf Suchtmittelkonsum vorzugehen ist. Wie in anderen Führungsfragen auch, empfiehlt sich ein Stufenplan mit klar definierten Schritten, wer wann hinzuzuziehen ist. Klare Verhaltensregeln erleichtern Führungskräften, aus der Sucht-Dynamik auszusteigen und ihre Verantwortung wahrzunehmen.
Im Seminar mache ich Führungskräfte auf Dynamiken wie Co-Abhängigkeit, Verleugnung etc. aufmerksam und verdeutliche mögliche Konsequenzen, wenn sie einen Suchtmittelkonsum tolerieren. In einem Rollenspiel können Führungskräfte das Ansprechen eines Verdachts ausprobieren, in der gemeinsamen Reflexion erarbeiten wir günstige Vorgangsweisen. Auch Notfallinterventionen, wie zum Beispiel das Rufen eines Taxis für eine/n alkoholisierte/n MitarbeiterIn, der/die nach Hause geschickt wird, werden hier besprochen.

Sucht ist eine psychische Störung mit Krankheitswert, keine moralische Schwäche und kein krimineller Zustand. Sucht ist ein zwanghaftes Verhalten und kann demnach an bestimmte Substanzen oder auch an bestimmte Verhaltensweisen gebunden sein. Sucht bedeutet immer auch psychische Abhängigkeit, ob eine körperliche Abhängigkeit besteht, hängt von der jeweiligen Substanz ab.
Sucht ist ein prozesshaftes Geschehen und entsteht nicht von einem Tag auf den anderen, sondern über einen längeren Zeitraum, oft schleichend, die Übergänge sind fließend und für Angehörige und Betroffene schwer erkennbar.
Nicht jede Einnahme eines Rauschmittels führt zur Abhängigkeit. Genuss bezeichnet den „gesunden Konsum" von Substanzen, ohne Druck, sie weiterhin zu gebrauchen. Der Missbrauch geht über den gewöhnlichen Gebrauch einer Substanz hinaus (z. B. um einen unangenehmen Gefühlszustand zu beseitigen), schädigt den Körper (z. B. Vollrausch), ist aber noch keine Abhängigkeit.

Typische Kennzeichen von Sucht

- Starker Wunsch oder eine Art Zwang, die Substanz zu konsumieren bzw. das Verhalten auszuüben
- Erhöhung der Dosis, um die gleiche Wirkung zu erzielen
- Kontrollverlust bezüglich Beginn, Ende und Menge des Konsumverhaltens

- Körperliche Entzugserscheinungen bei Absetzen/Reduktion des Suchtmittels
- Fortschreitende Vernachlässigung anderer Interessen und Vergnügen zugunsten des Suchtmittels und erhöhter Zeitaufwand, um die Substanz zu beschaffen oder dem Verhalten nachzugehen
- Trotz schädigender Wirkung (z. B. körperliche Folgen) anhaltender Substanzkonsum

Süchte nach legalen Stoffen sind Alkohol, Nikotin, Koffein, Tein, Schnüffelstoffe, verordnete Medikamente
Süchte nach illegalen Stoffen sind Opiate, Kokain/Crack, Cannabisprodukte, Halluzinogene, Synthetische Drogen, nicht verordnete Medikamente
Andere Süchte sind z. B. Spielsucht, Computersucht/Internetsucht, Sportsucht, Kaufsucht, Arbeitssucht, Esssucht/Magersucht
Verhaltensweisen mit Suchtcharakter können auch der Einstieg für stoffgebundene Abhängigkeit sein, so kann z. B. Arbeitssucht mit Nikotin-, Koffeinsucht und der Abhängigkeit von Aufputschmitteln einhergehen. Suchtartige Verhaltensweisen bleiben oft lange unerkannt, weil sie häufig sozial anerkannt sind und es dem/der Betroffenen leichtfällt, den suchtartigen Charakter über einen langen Zeitraum geheim zu halten.

Alkoholabhängigkeit:
Alkohol ist in unserer Arbeitswelt das gebräuchlichste Suchtmittel. Die Gefahr, in eine Alkoholabhängigkeit zu geraten, steigt mit jedem Gramm Alkohol. Rund 20 % der erwachsenen Österreicher haben ein Problem mit dieser Droge: Etwa 330.000 Österreicher gelten als alkoholkrank, weitere 900.000 trinken Alkohol in einem bedenklichen oder nicht mehr gesunden Ausmaß. Abstinent ist lediglich rund ein Viertel der Erwachsenen.

Der Weg in die Alkoholabhängigkeit

Zunächst trinkt man ein Glas Wein oder Bier, um innere Spannungen abzubauen, Stress zu bekämpfen, um besser abschalten oder einschlafen zu können. Da dies mit einer positiven Erfahrung verbunden ist, wendet der/die Betroffene diese „Methode" immer öfter an und verlernt dabei immer mehr, anders auf Stress zu reagieren, als mit einem alkoholischen Getränk.
Irgendwann wird der Alkohol dann vom Getränk zur Droge. Der/Die Betroffene braucht diese Droge, um sich gut zu fühlen. Hat der/die Betroffene einmal begonnen zu trinken, kann er/sie nicht mehr aufhören – bis er/sie nicht mehr weiter trinken kann oder einschläft. Das normale Leben tritt immer mehr hinter die Sucht zurück, der Alkohol rückt zunehmend ins Zentrum des Denkens und Handelns. Der/Die Betroffene beginnt sich

vielleicht zu schämen und Schuldgefühle zu entwickeln – gleichzeitig wird Alkohol in größeren Mengen – oft versteckt – gehortet, oft wird auch bereits heimlich getrunken. Die Rauschzustände werden häufiger, die körperlichen Folgen sichtbarer. In der nächsten, der kritischen Phase verliert der/die Betroffene zusehends die Kontrolle: Bereits kleine Mengen an Alkohol bewirken ein starkes Verlangen nach mehr. Daneben wird immer wieder versucht, sich zu beherrschen und ohne Alkohol auszukommen, was jedoch auf Dauer scheitert. Es kommt oft zu Konflikten mit Angehörigen und zu Veränderungen der Persönlichkeit. Auch körperliche Symptome wie Händezittern und Schweißausbrüche treten auf. Zuletzt, in der chronischen Phase, nimmt der soziale Abstieg seinen Lauf. Es kann zu tagelangen Vollräuschen kommen, jegliche Art von Alkohol wird konsumiert. Die Wahrnehmung verändert sich, es kommt zu Halluzinationen und Orientierungslosigkeit, der/die Betroffene ist kaum noch arbeitsfähig.

Alkohol ist an der Entstehung von knapp einem Drittel aller Arbeitsunfälle mitbeteiligt (AUVA) und Betroffene sind 2,5 mal häufiger krank. Gemäß der Weltgesundheitsorganisation liegt die Harmlosigkeitsgrenze beim Alkoholkonsum für Männer bei etwa 2 Seideln Bier oder gut 2 Achtel Wein pro Tag, bei Frauen bei gut einem Seidel Bier oder gut einem Achtel Wein pro Tag – wenn pro Woche an zwei Tagen kein Alkohol konsumiert wird. Die Gefährdungsgrenze bei regelmäßigem Konsum liegt bei Männern bei 5 Seideln Bier oder 6 Achtel Wein pro Tag, bei Frauen bei gut 3 Seideln Bier oder 4 Achtel Wein pro Tag. Pro Stunde baut der Körper ca. 0,1 Promille Alkohol ab. Doch die Gefahr, alkoholkrank zu werden, ist nicht nur eine Frage der Menge! Auch sonstige Belastungsfaktoren, die ein Suchtverhalten begünstigen, können in die Sucht führen.

Symptome der Alkoholabhängigkeit

- △ Häufiger starker Drang, Alkohol zu konsumieren
- △ Beginn und Ende des Trinkens können nicht mehr kontrolliert werden (etwa wenn der/die Betroffene im Lokal ist und kein Ende findet).
- △ Körperliche Entzugssymptome wie Übelkeit oder Zittern
- △ Der/Die Betroffene braucht immer mehr Alkohol, um eine Wirkung zu erzielen.
- △ Er/Sie verändert seinen/ihren Tagesablauf, um trinken zu können.
- △ Er/Sie kann seinen/ihren Konsum nicht verringern, obwohl ihm/ihr die schädlichen Folgen bewusst sind.
- △ Er/Sie verheimlicht seinen/ihren Konsum vor anderen und versteckt seine/ihre Vorräte.
- △ Er/Sie ertappt sich dabei, andere in Bezug auf seinen/ihren Alkoholkonsum zu belügen.

Am Arbeitsplatz können folgende Symptome auf Sucht oder im Speziellen auf Alkoholabhängigkeit hinweisen:

- Alkoholkonsum während der Arbeit oder in den Pausen (schnelles Trinken)
- Vermehrtes Verwenden von Mundwassern oder scharfen Bonbons, um den Atem zu reinigen
- Unkontrollierte, fahrige Bewegungen, undeutliche Aussprache, „Black outs"
- Zittern, Schweißausbrüche ev. kombiniert mit vermehrtem Kaffeekonsum
- Veränderungen in den Augen und im Kontaktverhalten
- Tendenz zu labiler Stimmungslage (aufbrausend – niedergeschlagen – zurückgezogen ...)
- Häufiges krankheitsbedingtes Fernbleiben von der Arbeit oder Zuspätkommen
- Merhmalige Krankmeldungen durch den Partner (der den/die Betroffene/n deckt)
- Nervosität, schwankende Arbeitsleistung, Desorganisiertheit
- Misstrauen und Skepsis gegenüber der Führungskraft oder den KollegInnen; Meiden von Kontakt mit diesen, aus Angst entdeckt zu werden
- Verleugnung und Bagatellisierung des Suchtproblems
- Oft finanzielle oder familiäre Probleme

Handlungsleitfaden bei Suchtverhalten: ein Stufenplan.

Sobald Sie Auffälligkeiten in Bezug auf die Arbeitsleistung oder das Verhalten beobachten, notieren Sie diese mit Datum und Zeit. Diese Aufzeichnungen dienen als Anhaltspunkte für Gespräche und helfen, der Suchtdynamik (Ausweichen, Verleugnen, Gegenangriff durch den/die MitarbeiterIn ...) nicht zu erliegen, sondern klar, konkret und sachlich die Struktur zu halten. Im konkreten Anlassfall, z. B. deutliche Alkoholisierung des Mitarbeiters/der Mitarbeiterin, sprechen Sie das wahrgenommene Problem an, am besten unter Beisein von Zeugen (z. B. Betriebsarzt, Betriebsrat oder eine andere Führungskraft). Kann oder will der/die MitarbeiterIn den Verdacht nicht entkräften, z. B. durch einen Alkoholtest, sorgen Sie für ein sicheres Heimkommen des Mitarbeiters/der Mitarbeiterin, z. B. indem Sie ein Taxi rufen, das den/die MitarbeiterIn auf dessen/deren Kosten nach Hause bringt. Dokumentieren Sie den Vorfall. Nach der Rückkehr an den Arbeitsplatz vereinbaren Sie das erste Gespräch im Rahmen eines Stufenplans. Der Stufenplan soll ein schrittweises, strukturiertes Vorgehen darstellen, bei dem der/die MitarbeiterIn den Verlauf der Interventionsschritte mitbestimmen kann, indem er/sie sein/ihr Verhalten verändert. Wie ein Stufenplan konkret auszusehen hat, ist betriebsspezifisch zu vereinbaren. Empfehlenswert ist

1| ein Vier-Augen-Gespräch mit der direkten Führungskraft (Auffälligkeiten und Problemverhalten ansprechen, Besorgnis und Unterstützung ausdrücken, Erwartungen formulieren, Hinweis auf Stufenplan und die damit verbundenen Konsequenzen, Vereinbarung eines Folgetermins);
2| ein erweitertes Gespräch unter Hinzuziehen von Betriebsarzt/-ärztin, ggf. Betriebsrat, nächsthöherer Führungskraft, ev. SuchtberaterIn (auf Verhalten und möglichen Zusammenhang mit Suchtmittelkonsum hinweisen, Hilfsangebote benennen, schriftliche Mahnung ankündigen, Vereinbarung eines Folgetermins);
3| erstes Mahnungsgespräch mit denselben TeilnehmerInnen wie im erweiterten Gespräch (Konfrontation mit Verstößen, schriftliche Mahnung aushändigen, Annahme von Hilfestellung einfordern, Ankündigung der zweiten Mahnung, Folgetermin vereinbaren);
4| zweites Mahnungsgespräch mit denselben TeilnehmerInnen wie im vorigen Gespräch (Benennen neuer Fakten, zweite schriftliche Mahnung aushändigen, Ankündigung der Entlassung ohne konkrete Maßnahmen durch den/die MitarbeiterIn, Folgetermin vereinbaren);
5| Kündigungs- bzw. Entlassungsgespräch (nochmaliges Ansprechen und Dokumentieren der Pflichtverletzungen, Einleitung der Kündigung bzw. Aushändigen der Entlassung).

Jedes Gespräch ist gut vorzubereiten, zu dokumentieren und von allen Beteiligten zu unterschreiben. Der Stufenplan kann an jeder Stelle beendet werden, sollte sich der/die MitarbeiterIn an die getroffenen Vereinbarungen halten. Je nach Situation erfolgen die Gespräche in Abständen von 6–8 Wochen, bei Gefahr im Verzug in deutlich kürzeren Abständen bzw. sofort.

Langzeitkrankenstände begleiten

Bei Langzeitkrankenständen stellen sich viele Führungskräfte die Frage, ob und wenn ja, wie man am besten in Kontakt mit langzeiterkrankten MitarbeiterInnen bleibt. Viele Führungskräfte sind unsicher, ob der Kontakt von Seiten des Mitarbeiters/der Mitarbeiterin angenehm oder belastend erlebt wird. Hier gilt es, den eigenen Stil als Führungskraft zu entwickeln und sich mit jedem/jeder MitarbeiterIn im Anlassfall auszumachen, wie der Kontakt aussehen soll („Ist es dir recht, wenn ich dich ca. alle 2–3 Wochen einmal anrufe oder möchtest lieber du dich melden?"). Grundsätzlich ist im Falle eines Langzeitkrankenstandes ein loser Kontakt hilfreich, sodass der/die MitarbeiterIn das Gefühl hat, weiterhin dazuzugehören, ohne dabei ein schlechtes Gewissen wegen der Abwesenheit zu entwickeln. Die Information bzw. Einbindung der KollegInnen ist hilfreich, um den/die Betroffene/n auch während der krankheitsbedingten Abwesenheit „im Team zu halten". Auch die anwesenden MitarbeiterInnen sind mit besonderer Aufmerksamkeit zu führen, denn zumeist gleichen sie das Fehlen des kranken Kollegen/der kranken Kollegin aus. Aufgabe der Führungskraft ist es, bei länger anhaltenden Krankenständen die Aufteilung der Arbeit so zu gestalten, dass sich die Mehrbelastung nicht gesundheitsschädlich auf die verbliebenen MitarbeiterInnen auswirkt, bzw. die Arbeit umzugestalten oder auch Teilbereiche auszulagern oder hintanzustellen. Das Durchführen von Arbeitsbewältigungsgesprächen (siehe auch Anhang) und Anpassen von Arbeitsbedingungen sind konkrete, hilfreiche Maßnahmen, um Langzeiterkrankte „in der Arbeit zu halten".

Was tun bei Mobbing?

Oft ist unklar, was Mobbing eigentlich ist – entweder jeder Konflikt wird Mobbing genannt oder Mobbing wird tabuisiert („das gibt es bei uns nicht"). Hier geht es um Aufklärung, was Mobbing ist und um das Aufzeigen von Möglichkeiten. *„Mobbing beinhaltet, dass jemand am Arbeitsplatz von Kollegen, Vorgesetzten oder Untergebenen schikaniert, belästigt, drangsaliert, beleidigt, ausgegrenzt oder beispielsweise mit kränkenden Arbeitsaufgaben bedacht wird und der oder die Mobbingbetroffene unterlegen ist. Wenn man etwas als Mobbing bezeichnen möchte, dann muss dies häufig und wiederholt auftreten (z. B. mindestens 1x/Woche) und sich über einen längeren Zeitraum erstrecken (z. B. mindestens ein halbes Jahr). Es handelt sich nicht um Mobbing bei einmaligen Vorfällen. Es handelt sich auch nicht um Mobbing, wenn zwei etwa gleich starke Parteien in Konflikt geraten. Diese Definition schließt eine mehr oder weniger aktive Rolle des Opfers nicht aus" (Zapf, D., 1999).*

Zu den typischen Mobbing-Handlungen nach Professor Heinz Leymann gehört das Verbreiten von Lügen, Gewaltandrohung, Zuteilung völlig überflüssiger Arbeitsaufgaben, ständige Kritik an erledigten Aufgaben oder soziale Isolation. Auch die bissigen Bemerkungen von KollegInnen, die bewusst „unter die Gürtellinie" zielen, um das Mobbing-Opfer zu verletzen, zählen dazu. Wird jemand fortwährend geärgert, schikaniert, wird der Kontakt verweigert oder seine Würde verletzt, so kennzeichnet das Mobbing. Dabei handelt es sich um Verhaltensmuster, die sich ständig wiederholen. Beispielsweise können Attacken in Form verbaler Äußerungen (beispielsweise Beschimpfungen), nonverbal (zum Beispiel keine Informationsweiterleitung) oder physischer Art (beispielsweise körperliche Gewalt) erfolgen. Es handelt sich bei diesen Handlungen immer um feindselige, destruktive, aggressive und unethische Verhaltensmuster. Neben der Bezeichnung Mobbing gibt es auch noch die Bezeichnungen „bullying" (englischsprachige Länder) bzw. „Bossing" für Schikanen und Attacken durch Vorgesetzte. Chefs/Chefinnen, die unfähig sind, MitarbeiterInnen fair zu führen, spielen anhand von Bossing ihre Macht gegenüber den Untergebenen aus. Besonders Vorgesetzte nutzen beim Bossing ungleiche Machtverhältnisse aus.

Auch das Prinzip der breiten Masse an Leuten, die eine Einzelperson angreifen, ist charakteristisch. Das Opfer hat durch die ungleiche Kräfteverteilung ein Problem, sich gegen das Mobbing zu wehren. Dies ist auch ein hilfreiches Unterscheidungsmerkmal zwischen Mobbing und Konflikten: Beim Mobbing richten zumeist mehrere Personen gegen eine Person(engruppe), in einem klassischen Konflikt finden sich zumeist für jede Konfliktpartei AnhängerInnen.

Mobbing wirkt sich auf Personen massiv aus, es kommt zu hohem emotionalen Stress, zu Gereiztheit, Schuldgefühlen, sozialer Isolation, psychosomatischen Beschwerden, Depression bis hin zu Burn-out und Suizidversuchen.
Auf den Betrieb wirkt Mobbing durch erhöhte Fehlerquoten, gehäufte Krankenstände, geringere Produktivität, (innere) Kündigungen etc. negativ.
Laut einschlägiger Statistiken ist ca. jede zehnte Person einmal in ihrem Leben von Mobbing betroffen.

Aufgaben der Führungskraft bei Verdacht auf Mobbing

Mit Wegsehen, Übersehen und Abwarten werden Mobbingkonflikte nicht gelöst. Im Gegenteil, schnelles Handeln ist angesagt, um materielle und psychische Schäden für die Betroffenen und den Betrieb zu vermeiden. Je länger ein Mobbingproblem schwelt, desto schwieriger wird es, zu einer für alle Seiten akzeptablen Verständigung zu kommen. Schon bei ersten Anzeichen bzw. einem Verdacht von Mobbing, sollten Vorgesetzte das Gespräch mit den Konfliktparteien suchen. Das gilt sowohl, wenn ein Verdacht auf Mobbing besteht, als auch für den Fall, dass tatsächlich ein Mobbingproblem existiert. Führungskräfte müssen handeln. Diese Gespräche erfordern hohe Sozialkompetenz, da sich ohne Schulung in Gesprächsführung, in Problem- und Konfliktlösungsverfahren Vermittlergespräche sogar in ihr Gegenteil verkehren und Konflikte und Mobbingverhalten verstärken können. In einem Mobbingkonflikt ist unbedingt eine Zusammenarbeit mit dem Betriebsrat zu suchen. Je nach Mobbingfall und Mobbingursache – insbesondere dann, wenn Vorgesetzte am Mobbing beteiligt sind – ist eine externe Konfliktmoderation ratsam bzw. notwendig. Hier empfiehlt sich das Vermittlungsverfahren Mediation, bei dem die Parteien versuchen, einen Konflikt mithilfe eines unbeteiligten Dritten zu lösen. Anders als bei einem Schlichtungsverfahren macht der/die MediatorIn keine Lösungsvorschläge, vielmehr versuchen die Beteiligten mit Unterstützung des Mediators/der Mediatorin, ihr Problem einvernehmlich zu bewältigen. Scheitern alle Vermittlungs- und Konsensversuche, so haben Vorgesetzte bzw. ArbeitgeberInnen kraft ihres Weisungsrechts die Macht, Mobbingverhalten mit Nachdruck zu unterbinden und rechtliche Maßnahmen zu ergreifen. Dem/Der ArbeitgeberIn stehen bei Mobbing bestimmte rechtliche Möglichkeiten zur Verfügung, von denen er/sie in extremen Mobbingfällen unbedingt Gebrauch machen sollte. Der/Die ArbeitgeberIn ist verpflichtet, die MitarbeiterInnen vor Schaden zu bewahren und deren Gesundheit zu schützen. Das heißt, er muss auch Anstrengungen unternehmen, die MitarbeiterInnen vor Mobbing zu bewahren.

Duldet oder ignoriert der/die ArbeitgeberIn Mobbinghandlungen oder gehen diese von ihm/ihr selber aus, so sind dies eindeutige Verstöße gegen seine/ihre Fürsorgepflicht und die Persönlichkeitsrechte der MitarbeiterInnen. Im Grundgesetz sind der Schutz der Menschenwürde, das Recht auf freie Persönlichkeitsentfaltung und körperliche Unversehrtheit sowie die Gleichbehandlung aller verankert. Diese Schutzrechte haben auch in der Arbeitswelt Rechtsgültigkeit und werden bei Mobbing in mannigfacher Hinsicht verletzt.

MobberInnen verstoßen mit ihrem Verhalten gegen ihre Treuepflicht: Sie müssen alles vermeiden, was dem/der ArbeitgeberIn Schaden zufügt (z. B. krankheitsbedingte Ausfallzeiten). Die Verletzung dieser Treuepflicht kann von der Führungskraft durch Sanktionen wie einer mündlichen Verwarnung, einer schriftlichen Mahnung, unter Umständen einer Kündigung bedacht werden. Der/die ArbeitgeberIn bzw. die Führungskraft verstößt gegen die Fürsorgepflicht, wenn er/sie Handlungen vornimmt oder unterlässt, die Mobbing zuzurechnen sind.

Hilfreich ist es, sich als Führungskraft persönlich in den Themen Kommunikation und Konfliktmanagement weiterzubilden, um Anzeichen für Mobbing frühzeitig wahrnehmen und entsprechend darauf reagieren zu können. Für gemobbte MitarbeiterInnen gilt als Führungskraft Ansprechperson zu sein, ohne den/die MitarbeiterIn zu sehr aus der Gruppe hervorzuheben, denn das könnte die Mobbingsituation sogar noch verschärfen. Dabei ist es wichtig, immer auf die eigene Positionierung zu achten.

Bärbel Wardetzki hat ein kooperatives Konfliktgespräch entwickelt, das sich auf alle Arten von Konflikten anwenden lässt und auch zur Überwindung von Kränkungssituationen beitragen kann. Die 6 Phasen des Konfliktgesprächs beinhalten wie folgt: Kontrolle der Erregung, vertrauensbildende Maßnahmen, gemeinsame Problemlösung, Abschluss der Lösungssuche nach Vereinbarung, persönliche Verarbeitung. Dieses Modell kann in der konkreten Fallarbeit als Leitfaden für ein mögliches Vorgehen dienen (vgl. Wardetzki, B., 2006). Gleichzeitig ist es wichtig, Führungskräfte dahingehend zu sensibilisieren, wie sie Mobbing wahrnehmen können, welche Strategien sie im Fall des Falles zur Verfügung haben und vor allem: wie sie als Führungskräfte durch einen klaren, transparenten und gleichzeitig menschlichen Führungsstil dazu beitragen können, um Mobbing erst gar nicht die Tür zu öffnen.

Führung von zyklisch „ungerechtfertigt" Abwesenden

Die Führung zyklisch „ungerechtfertigt" Abwesender, umgangssprachlich auch „Blaumacher" genannt, stellt die Führungskraft vor besondere Herausforderungen. Die eigenen Gefühle des Betrogen- und Angelogen-Werdens, des Sich-gekränkt-Fühlens beeinflussen häufig das professionelle Vorgehen. Daher sind Führungskräfte hier besonders gefordert, die eigenen Emotionen immer wieder zu klären, um in Gesprächen mit dem/der MitarbeiterIn bewusst zu handeln und nicht unbewusst aggressive Impulse auszuleben.

Der Umgang mit zyklisch „ungerechtfertigt Abwesenden" wird im Rahmen des Durchführens von Fehlzeitengesprächen (siehe Anhang) diskutiert. Das Ansprechen der Fehlzeiten, ohne dabei dem/der MitarbeiterIn zu unterstellen, die Krankheit nur vorgeschützt zu haben, ist hier zentral. Diese Gespräche bewegen sich meist in einem Graubereich, und Führungskräfte haben oft die Sorge, dass bei einer falschen Aussage ihrerseits sofort der Betriebsrat hinzugezogen werden könnte. Die Darstellung des Sachverhalts und zirkuläre Fragen über vermutete Wirkungen der Fehlzeiten können einen Nachdenkprozess beim Mitarbeiter/bei der Mitarbeiterin erwirken. Die Folgen der Fehlzeiten auf den Betrieb, die KollegInnen und die Führungskraft sind auszudrücken.

Auch hier signalisiert ein Stufenplan mit vorab vereinbarten Folgegesprächen: Deine Fehlzeiten werden wahrgenommen.

Ein wichtiger Aspekt im Umgang mit zyklisch „ungerechtfertigt Abwesenden" ist wiederum die Beachtung der Teamebene. Wenn ein/e MitarbeiterIn immer wieder fehlt und bereits alle KollegInnen vermuten, dass die Fehlzeiten nicht wirklich krankheitsbedingt sind, dann wirkt sich das massiv auf die Arbeitsatmosphäre und die Motivation im Team aus.

Akute Krisen managen

Selten, aber doch kommt es zu Krisensituationen am Arbeitsplatz durch Unfälle oder plötzliche Todesfälle eines Angehörigen eine/r MitarbeiterIn. Bei diesem Thema wird kurz auf generelle Richtlinien psychosozialer Krisenintervention wie Strukturieren der Situation, das Setzen von klaren und einfachen Angeboten, das Vereinbaren konkreter nächster Schritte im Hier und Jetzt, das Einbinden hilfreicher Personen etc. eingegangen. Wichtig ist hier auch die Kenntnis von Anlaufstellen, die in einem solchen Fall kontaktiert und zu Rate gezogen werden können. Hierzu gibt es in vielen Unternehmen eine Liste mit Telefonnummern und Adressen.

Soziale Unterstützung im Führungsteam – Kollegiale Beratung

Aktuelle Themen, die besondere Herausforderungen für teilnehmende Führungskräfte darstellen, werden im Seminar neben Wissensvermittlung auch in Kleingruppen oder im Plenum fallsupervisorisch bearbeitet. Die Methode der „Kollegialen Beratung" wurde bereits weiter vorne genauer dargestellt. In der Anwendung erlebe ich beinahe ausschließlich eine hohe Aktivierung und Motivation der Führungskräfte, wenn es um die konkrete, anlassbezogene Bearbeitung spezieller Herausforderungen geht. Der/die FallbringerIn geht mit konkreten Lösungsideen nach Hause, die KollegInnen können durch das bearbeitete Beispiel für eigene Situationen lernen.

In manchen Fällen hat sich aus dieser Erfahrung heraus bereits eine Gruppierung in der Organisation gebildet, die selbstständig oder unter Begleitung der internen Personalentwicklung in regelmäßigen Abständen Fallarbeit in der Gruppe durchführt. Die Chancen dafür sind umso höher, je früher man dieses Instrument im Zuge einer Führungskräfteausbildung mit mehreren Modulen einführt und bei jedem Modul exemplarisch wiederholt.

Zurück zum Anfang: Das ICH in Balance

Als wieder sehr persönlichen Abschluss des Seminars stelle ich das bereits erläuterte Modell „Ich in Balance" vor und arbeite es mit den TeilnehmerInnen durch. Dabei geht es mir um einen ganzheitlichen Zugang zum Thema Selbstführung, bei dem jede Führungskraft für sich relevante Aspekte der Selbstführung identifizieren und für den Transfer konkretisieren kann. Ich wähle dieses Modell ganz bewusst als letzten inhaltlichen Beitrag, weil die Auseinandersetzung damit sehr persönlich ist und auch über das Seminar hinaus zum Nachdenken anregt. Gleichzeitig ist es in seiner Ganzheitlichkeit und Zukunftsrelevanz ein Überbau und Wegweiser für jede konkrete (gesundheitsbezogene) Intervention.

Zusammenfassung und Transfer

Um den Gesamtbogen des Seminars gut zu schließen, lassen wir, oft mittels einer Phantasiereise, noch einmal die gemeinsam gegangenen Schritte des Seminars Revue passieren. Im Anschluss daran haben die TeilnehmerInnen ca. 15 Minuten Zeit, um im Raum umhergehend Flipcharts, Pinwände etc. zu begutachten oder die persönlichen Notizen oder Unterlagen durchzublättern. Ich ermutige dazu, sich die individuell wesentlichsten Erkenntnisse zu notieren und daraus 1–3 konkrete Maßnahmen abzuleiten, die im Alltag umgesetzt werden sollen.
Je nach Gruppe, Prozess und noch vorhandener Zeit besprechen die TeilnehmerInnen paarweise (bei einem Spaziergang) diese Punkte noch einmal durch, um durch das Verbalisieren auch die innere Klarheit und die innere Verbindlichkeit zu verstärken.
Danach gibt es einen Ausblick auf die nächsten Schritte und den offiziellen Abschluss des Seminars.

6.2. Follow-up

Follow-up-Veranstaltungen sollen das Gelernte vertiefen und festigen, bei dessen Umsetzung unterstützen und Raum für die Bearbeitung individueller Themen schaffen.

Das Personal Follow-up

Beim Personal Follow-up, das ca. 4–10 Wochen nach dem Seminar stattfindet, führe ich mit allen TeilnehmerInnen des Seminars Einzelgespräche. Die Gespräche sind ein- oder zweistündig ausgeschrieben und finden in der Organisation, in einem dafür geeigneten Raum statt. Ich habe hier schon in diversen Besprechungszimmern oder im Raum der Betriebsärztin gearbeitet. Hier gilt es, aus den vorhandenen Bedingungen durch kleine Veränderungen des Settings (Tisch, Sessel, Sichtschutz bei Fenstern, die ebenerdig angebracht sind ...) eine gute Atmosphäre zu schaffen, die es den TeilnehmerInnen ermöglicht, sich gut auf die Situation einzulassen.
Das Personal Follow-up-Gespräch ist absolut vertraulich und dient dazu, dass TeilnehmerInnen Themen, die sie in die Seminargruppe nicht einbringen wollten oder

konnten, ansprechen können. Der Vorteil an diesem Setting ist, dass die TeilnehmerInnen mich als Seminarleiterin ja bereits gut kennengelernt haben und sich dementsprechend mehr öffnen als zu Beginn des Kontakts. Menschen, die sonst kaum eine Psychotherapie in Anspruch nehmen würden, kommen so über den konkreten Bezug zu ihren Arbeits- oder Führungsthemen in eine Coaching- oder Beratungssituation und werden diesbezüglich offener.

Die meisten kommen mit einer konkreten Frage- oder Problemstellung ins Follow-up. Nachdem ich den Rahmen nochmals kurz abgesteckt habe (Zeit, Themenoffenheit, Vertraulichkeit) beschäftigen wir uns mit dem Anliegen der Führungskraft. Häufig werden sehr persönliche Themen eingebracht, die unmittelbar oder mittelbar mit dem Unternehmen in Zusammenhang stehen oder auch gänzlich privater Natur sind.
Hierzu gehören Themen wie z. B.

- eigene Überlastung
- Probleme mit MitarbeiterInnen
- belastende Konflikte im Team
- erfahrene Kränkungen oder Verletzungen aus dem Arbeitskontext
- Schwierigkeiten in der Partnerschaft
- psychosomatische Beschwerden
- Schlafstörungen, Unmöglichkeit abzuschalten
- traumatische Ereignisse wie z. B. ein Todesfall in der Familie
- Suchtverhalten wie z. B. Spielsucht
- Hinweise auf strukturelle Probleme in der Firma
- ...

Immer wieder werden bereits Ergebnisse aus den Fragebögen „Gesundheitsförderliche Zusammenarbeit“ mitgebracht, die wir gemeinsam analysieren, daraufhin besprechen wir das weitere Vorgehen.

Das Personal Follow-up entspricht dem Setting nach einem Einzelcoaching und kann auch als kreativer Problemlösungsprozess aufgefasst werden. Ich arbeite dabei mit Methoden der Integrativen Gestalttherapie, explorierendem Fragen, kurzen Rollenspielen, Aufstellungen, Einsatz kreativer Medien, Körperübungen und -haltungen sowie Awareness-Übungen etc. (s. dazu auch Anregungen von Ingeborg Luif, 1999). Manches Mal ist auch Reframing oder einfach das wertschätzende Zuhören und das Besprechen belastender Themen mit jemandem, der das System kennt und trotzdem außerhalb steht, hilfreich. Auf Wunsch der Führungskräfte gebe ich auch direkte Rückmeldung im Hier und Jetzt, spreche Wirkungen der Person auf mich an etc.

Fallbeispiel
Ein leitender Angestellter eines mittelständischen Unternehmens, der ca. 60 MitarbeiterInnen führt, erzählt zu Beginn des Follow-up, er hätte eigentlich kein aktuelles Thema. Als ich ihm nach einer kurzen Weile rückmelde, dass ich ihn in seiner Wirkung sehr menschlich, klar und engagiert erlebe, treten ihm plötzlich Tränen in die Augen. Er sagt: „Das wird halt nicht von allen gesehen." Auf mein Nachfragen hin schließlich erzählt er, dass ihm vor 10 Jahren ein Fehler passiert sei, der das Unternehmen Geld gekostet hätte. Er habe damals alles, so gut es ihm möglich war, gemacht, aber hier eben die falsche Entscheidung getroffen. Sein Vorgesetzter hatte ihm damals ohne viel Federlesens eine schriftliche Verwarnung gegeben und ist dem nächsthöheren Vorgesetzen gegenüber nicht hinter ihm gestanden. Eine schriftliche Verwarnung bedeutete für ihn damals und auch heute noch eine Brandmarkung, die „ihm das Kreuz gebrochen hätte" und ihn auch heute, nach beinahe 10 Jahren, noch immer sehr kränke. Seinem Vorgesetzten gegenüber habe er bis heute kein Vertrauen mehr aufbauen können. Er versuche durch viele Überstunden und Genauigkeit nur ja keine Fehler mehr zu machen.

Darauf angesprochen, ob es je ein klärendes Gespräch zwischen ihm und seinem Vorgesetzten gegeben hätte, verneint er. Er könne sich nicht vorstellen, dass sein Chef dafür offen sei.

Nachdem es so aussah, als gäbe es hier keinen (kurzfristigen) Zugang zu einem direkten Gespräch, erarbeiteten wir ein Ritual, das es ihm ermöglichen sollte, diese Kränkung nun – 10 Jahre nach diesem Vorfall – hinter sich zu lassen und damit abzuschließen. Danach ruft er sich noch einmal ins Bewusstsein, wie andere KollegInnen ihn wahrnehmen (in der zirkulären Betrachtung durchwegs positiv) und welche positiven, sozialen Verstärker er in der Arbeit von KollegInnen erhalten kann. Durch das vorsichtige Relativieren der Bedeutung der Arbeitssituation (was ist ihm neben der Arbeit wertvoll und wichtig, z. B. die Beziehung zu seiner Frau und seinen erwachsenen Kindern) und einem weiteren stärkenden Feedback kann ich ihn mit gutem Gefühl aus der doch recht intensiven Stunde entlassen.

Wie aus diesem Beispiel bereits sichtbar wird, ist es immer wieder eine Herausforderung, in den Gesprächen eine angemessene Tiefe der Problembearbeitung zu finden, denn in den meisten Fällen bleibt es bei diesem einen Termin. In einigen Fällen geht es auch darum, eine passende Form der Weiterarbeit zu finden.
Dafür empfehle ich Coaches oder PsychotherapeutInnen, die auf einer Liste, die im Unternehmen aufliegt, angeführt sind, sofern es in der Organisation bereits etabliertes „Gesundheitscoaching" gibt. In diesem Fall wird eine bestimmte Anzahl an Stunden

(meist bis zu 10 Stunden) von der Firma bezahlt. Die Führungskraft kann diese, je nach Betrieb ohne Angabe von Gründen oder nach einem Gespräch mit Vorgesetzten, Gesundheitsbeauftragten oder dem Betriebsarzt/der Betriebsärztin, in Anspruch nehmen. Für manche Führungskräfte ist aber auch diese Möglichkeit noch zu betriebsnahe, oder es gibt in dem betroffenen Unternehmen kein solches Unterstützungsangebot. In diesem Fall vermittle ich andere, gänzlich externe und unabhängige Stellen.

Manchmal kommt es sicher vor, dass Führungskräfte nicht das absolute Vertrauen fassen können, dass der Berater/die Beraterin absolut verschwiegen ist. In diesem Fall werden wahrscheinlich so manche Themen ausgespart.
Manchmal kommen auch Führungskräfte zum Personal Follow-up, ohne ein Thema oder eine Fragestellung mitzubringen. Das mag zum Teil aus einer Unerfahrenheit mit dem Setting kommen, aus der Situation, dass jemand kein aktuelles Thema hat oder es für ihn/sie einfach nicht passt, bestimmte Anliegen mit mir zu besprechen. Das gilt es für mich zu respektieren und dem mit Wertschätzung zu begegnen, was möglich ist.

Man könnte nun sagen, es wäre besser, das Personal Follow-up freiwillig zu machen. Ich habe mir auch diese Variante überlegt, habe mich aber für diese im Setting grundsätzlich für alle SeminarteilnehmerInnen vorgesehene Form des Personal Follow-up entschieden. In vielen Firmen sind Coaching, Beratung oder Gesundheitscoaching noch nicht etabliert, und die Hemmschwelle ist oft für genau diejenigen, die Unterstützung brauchen könnten, zu groß. Es ist ein sehr häufiges Problem bei gesundheitsfördernden Maßnahmen in Betrieben, dass die Personen, die gesundheitlich gefährdet sind oder Bedarf hätten, Angebote nicht annehmen, z B.

- △ aus Angst vor Stigmatisierung
- △ aus „Zeitmangel“ (weil dann erst wieder Arbeit liegen bleibt)
- △ aus fehlendem Zugang zu dieser Form der Weiterentwicklung
- △ weil die Angebote nicht auf den entsprechenden Gesundheitslevels angesiedelt sind, die MitarbeiterInnen ansprechen würden
- △ Etc.

Durch die „verpflichtende“ Teilnahme am Personal Follow-up signalisiert die Organisation: Jede Führungskraft soll sich mit sich selbst und mit gesundheitsrelevanten (Führungs-)Themen auseinandersetzen. Jede Führungskraft kann für sich entscheiden, wie er/sie diesen Rahmen nützt. Was die Beratung in jedem Fall leisten kann, ist, die Menschen durch Interesse, Achtsamkeit und Wertschätzung zu unterstützen, auch wenn sie keinen konkreten Leidensdruck haben oder diesen nicht artikulieren.

Das Team Follow-up

Da Konflikte und belastende Themen in Organisationen an der Struktur, der Führung, der Kommunikation, an Beziehungen und an den handelnden Personen selbst liegen können, ist der dritte Schritt des GESUND FÜHREN-Prozesses die Möglichkeit für ein Team Follow-up. Dieses ist sehr individuell auf die jeweilige Situation zugeschnitten. Die Dauer eines Team Follow-up kann von einem zweistündigen Workshop bis zu einem Prozess gehen, der beim ersten Workshop definiert wird und z. B. weitere 1–2 Tagesworkshops oder andere geeignete Maßnahmen beinhaltet.

Das Team Follow-up mit dem operativen Team

Wenn eine Führungskraft mit ihrem Team eine Team-Follow-up Veranstaltung macht, dann hat sie in der Regel ein konkretes Anliegen oder die Wahrnehmung, dass hier Verbesserungspotenzial besteht. Zusätzlich zur Auftragsklärung mit der Führungskraft dient als Ausgangsbasis der Fragebogen „Gesundheitsförderliche Zusammenarbeit" (siehe Anhang), in dem anhand von 12 Kategorien quantitative Bewertungen durch alle TeammitarbeiterInnen vorgenommen werden. Diese Möglichkeit gibt es erst bei einer Teamgröße ab 5 Personen, weil andernfalls eine Anonymisierung der Daten nicht möglich ist. Bei der ersten Auswertung des Fragebogens werden die tendenziell konfliktbesetzten und damit gesundheitsbelastenden Themen herausgearbeitet. Die anonymisierte Auswertung wird von mir mit Interpretationen und Hypothesen versehen und dem gesamten Team (oder bei sehr großen Teams zunächst einer Gruppe von Schlüsselpersonen) präsentiert. Danach werden die Ursachen für die Bewertung herausgearbeitet und je nach Themenkreis

- einer Konfliktbearbeitung zugeführt (wenn es z. B. unterschiedliche Ansichten und gleichzeitig Schwierigkeiten in der Kommunikation darüber gibt);
- in Maßnahmen übergeleitet (wenn z. B. Unklarheiten in der Funktionsbeschreibung zu Auseinandersetzungen führen). Maßnahmen beinhalten immer eine klare Aufgabenbeschreibung, die eine Person bis zu einem bestimmten Zeitpunkt erfüllt (wer macht was bis wann), und die Klärung, wer für die Evaluierung der Maßnahmen zuständig ist;
- in Vereinbarungen gegossen (wenn z. B. Teammitglieder auf eine wenig konstruktive Art mit Fehlern anderer umgehen oder immer wieder über dritte, nicht anwesende Personen geschimpft wird). Hier kommt es häufig zur Formulierung von „Spielregeln" im Umgang miteinander.

Auch hier ist wichtig, dass die Spielregeln immer wieder ins Gedächtnis gerufen werden, z. B. indem sie 1 x monatlich bei einem Jour fixe angesprochen und z. B. spontan skaliert werden („Wie sehr halten wir uns an unsere Vereinbarungen?")

Bei kurzen Workshops oder eher operativen Themen dient den Führungskräften ein Leitfaden (siehe Anhang) zur strukturierten Bearbeitung der Inhalte. Bei konfliktbesetzten Themen oder wenn die Führungskraft als Person zu stark involviert ist, begleiten externe BeraterInnen das Team Follow-up.

Team Follow-up mit dem Führungsteam

Wenn ein Führungsteam miteinander eine Team-Follow-up Veranstaltung macht (z. B. der/die GeschäftsführerIn mit den Führungskräften der ersten Berichtsebene), dann werden meist die „Kriterien gesundheitsförderlichen Führens“ (siehe Anhang) gemeinsam evaluiert. Dabei wird einerseits darauf abgezielt, welche Führungskultur im Unternehmen gelebt wird, andererseits geben die Führungskräfte einander gegenseitig Feedback zum Führungsverhalten, das sie an dem jeweils anderen erleben. Konstruktive Rückmeldung ist eine der effektivsten Formen, zu lernen und sich persönlich weiterzuentwickeln. Durch einen Feedbackprozess entsteht sowohl auf Gruppenebene als auch bei der Einzelperson ein Bewusstsein über Stärken, auf die aufgebaut werden kann, wie auch ein Erkennen von Entwicklungspotenzialen, auf die weiterhin geachtet werden darf, um insgesamt möglichst GESUND zu FÜHREN. Dies wird auch von SeminarteilnehmerInnen immer wieder bestätigt, die im ersten Moment vor der Dichte eines solchen Prozesses zurückschrecken und ihre Skepsis äußern, im Prozess selbst und nachher jedoch oft wie verwandelt, lebendig und angeregt wirken und sich im Anschluss oft ausdrücklich für diese Erfahrung bedanken.

Fuhr und Gremmler-Fuhr (2004, S. 220) schlagen folgende Grundformeln für Feedback vor: *„Für den Feedback-Geber: Ich sage dem anderen, was mir an ihm aufgefallen ist, wie er auf mich wirkt und was dies bei mir auslöst. Für den Feedback-Nehmer: Ich prüfe die Rückmeldung(en) des anderen, ob ich sie annehmen und für mich und meinen Lernprozess nutzen kann.“*

Um den positiven Aspekt und das Geschenk der Aufmerksamkeit und Achtsamkeit, das man vom Gegenüber beim Feedback erhält und auch gibt, hervorzuheben, kann man die Feedbackregeln, wie in der unten stehenden Abbildung ersichtlich, in einem symbolischen „Geschenkspäckchen“ präsentieren.

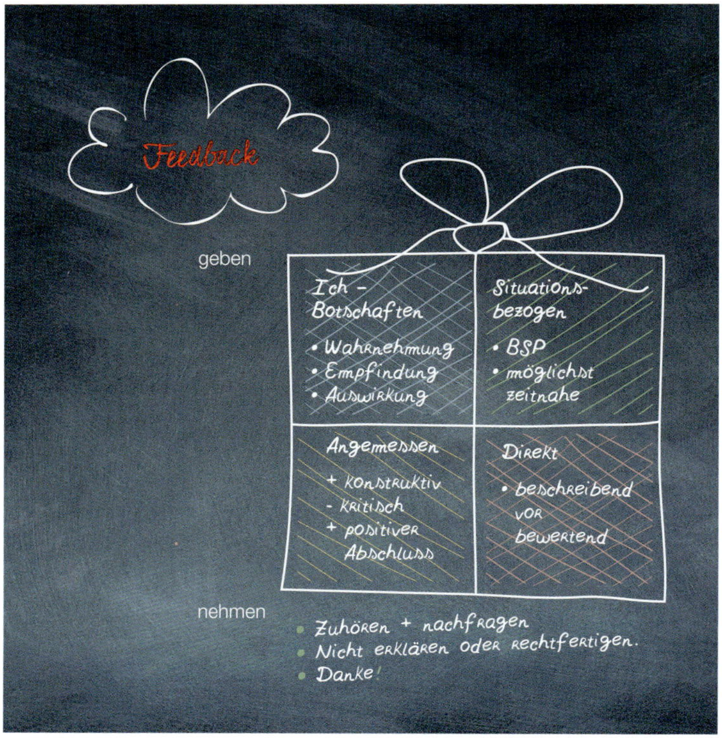

Abb.: Feedback geben und nehmen

Als strukturelle Hilfestellung kann man einen Leitfaden mit Satzanfängen wie z. B. „als Führungskraft erlebe ich dich ...; besonders schätze ich an dir ...; was mich manchmal an deinem Führungsverhalten stört/wo ich nicht so sicher bin, wie das ankommt ..." zur Verfügung stellen. Diese sehr tiefgehende Übung der gegenseitigen Rückmeldung bedarf einer Atmosphäre der Offenheit, die erst innerhalb eines stimmigen Prozesses entstehen kann. Ist diese Offenheit nicht wirklich vorhanden, bleibt die Rückmeldung an den anderen an der Oberfläche oder wird für machtpolitische Zwecke missbraucht. Um dem weitgehend entgegenzuwirken, ist eine Atmosphäre zu begünstigen, bei der die Führungskräfte wirklich in Kontakt miteinander kommen können. Dazu braucht es einerseits einen geeigneten Zeitrahmen, andererseits ist ein Ort abseits des Firmengeländes, möglichst in der Natur, hilfreich. Die Feedbackgespräche lasse ich – außer bei sehr reifen Gruppen – jeweils unter 4 Augen führen, nach dem Modell „Bienenkorb", bei dem jede/r mit möglichst vielen anderen Personen ein kurzes, prägnantes Gespräch führt. Gerne führe ich diese Aufgabe auch als Feedbackwanderung durch, wobei das Miteinander-Gehen zusätzlich die Themen und den Dialog verflüssigt.

Es bietet sich in vielen Fällen an, die im Unternehmen verankerten Führungsleitlinien gemeinsam anzusehen und zu erarbeiten, was z. B. GESUND FÜHREN bedeutet, wenn man sich an diese Führungsleitlinien hält. Sollten die Führungsleitlinien gerade erarbeitet werden, ist es sehr empfehlenswert, das Thema GESUND FÜHREN auch explizit in diese Grundsätze aufzunehmen. Führungsteams, die sich auf diese Auseinandersetzung einlassen, haben in der Regel einen hohen Gewinn durch das Lernen miteinander und voneinander und durch das verbesserte gegenseitige Verständnis, das zwangsläufig mit der erhöhten Offenheit verbunden ist.

Manchmal kommt es auch dazu, dass Führungsteams ein bestimmtes Thema gemeinsam forcieren möchten, wie z. B. Burn-out-Prophylaxe im eigenen Verantwortungsbereich. Dann stelle ich einerseits Informationen und Erfahrungen zur Verfügung, andererseits werden gemeinsam Maßnahmen und Vorgehensweisen erarbeitet, die genau auf dieses Unternehmen und auf diese Gruppe zugeschnitten sind.

Das teamübergreifende Team Follow-up

Wie bereits mehrmals angesprochen, kommen durch die vielschichtige Auseinandersetzung mit dem Thema Gesundheit und dadurch, dass ich im Verlauf eines Prozesses mit sehr vielen Führungskräften einer Organisation zu tun habe, immer wieder Themen auf, die Strukturen, Abläufe und die teaminterne wie auch die teamübergreifende Zusammenarbeit betreffen.
So werden Reibungspunkte in Organisationen identifizierbar, weil sie z. B. mehrere Einzelpersonen in der gleichen Funktion, aber in unterschiedlichen Teams betreffen.
In einem GESUND FÜHREN-Prozess in einem IT-Unternehmen wurden z. B. die konfliktbesetzten Schnitt- bzw. Nahtstellen zwischen zwei Organisationseinheiten immer wieder angesprochen. Durch die Analyse und geringfügige Anpassung der dahinterliegenden Struktur einerseits und die Erarbeitung von neuen Möglichkeiten der Zusammenarbeit durch die betroffenen Schlüsselpersonen andererseits konnten in einer aktiven Aufarbeitung alte Gräben überwunden werden. Somit war eine neue Basis für eine konstruktive Kooperation gelegt.

Flankierende Maßnahmen im Prozess

Um derartige Hotspots zu identifizieren und dann zielgerichtet zu verfolgen, ist ein ständiger Austausch und eine enge Zusammenarbeit mit Schlüsselpersonen aus der internen Organisations- und Personalentwicklung erforderlich. Dafür empfehlen sich regelmäßige Treffen, die den Fortgang des Prozesses begleiten und unterstützen. Die größte Herausforderung für den/die BeraterIn dabei ist, auf relevante Themen, die aus der Außensicht beobachtbar werden, aufmerksam zu machen, ohne dabei auf Einzelpersonen zu verweisen oder auch nur indirekt Bezug zu nehmen.

Die Vertraulichkeit persönlicher Themen von Führungskräften muss immer gewahrt bleiben. Ich empfehle daher im Sinne des Empowerment sehr häufig den Führungskräften selbst, sich an interne Ansprechpersonen zu wenden, oder ich erfrage das Einverständnis der Führungskraft, dass ich ein Thema auch andernorts ansprechen darf.

6.3. Zusammenfassung GESUND FÜHREN

Führungskräfte sind Schlüsselpersonen in der betrieblichen Gesundheitsförderung. Sie beeinflussen sehr die Unternehmenskultur und haben dadurch großen Einfluss auf die Corporate Health Identity des Unternehmens.

Jede Führungskraft hat eine/n Vorgesetzte/n und MitarbeiterInnen. Die Ziele, Vorgaben und Wünsche des/der Vorgesetzten und die Wünsche und Bedürfnisse der MitarbeiterInnen sind nicht immer deckungsgleich. Dies gilt auch für Organisationen mit flacher Hierarchie. Eine der Hauptaufgaben einer Führungskraft besteht darin, diese Spannung konstruktiv zu managen und dabei die Interessen des Unternehmens und der MitarbeiterInnen zu wahren.

GESUND FÜHREN

- △ sensibilisiert dabei Schlüsselpersonen im Unternehmen für gesundheitsrelevante Themen
- △ fördert direkt das Gesundheitsverhalten von Führungskräften
- △ unterstützt Führungskräfte dabei, die Gesundheit ihrer MitarbeiterInnen zu fördern
- △ sichert unmittelbar die Akzeptanz und die Umsetzung von gesundheitsbezogenen Maßnahmen
- △ regt zur Diskussion an und initiiert damit eine nachhaltige Kulturentwicklung (die im Rahmen von Gesundheitsförderungsmaßnahmen unabdingbar ist)
- △ ist damit ein Katalysator für Integratives Betriebliches Gesundheitsmanagement.

Einige Beispiele sollen zum Abschluss noch einmal verdeutlichen, wie Führungskräfte ganz konkret gesund führen können:

- Vorbild sein: Eine Balance zwischen beruflichem Engagement und bewusster, gesunder Lebensgestaltung vorleben
- Eine klare Richtung und einen guten Rahmen für die gemeinsame Arbeit vorgeben
- Für ein angenehmes Arbeitsklima und gegenseitige Unterstützung im Team sorgen
- Angemessene Mitsprachemöglichkeit der Teammitglieder zulassen
- Für eine faire Verteilung der Arbeitsbeanspruchungen sorgen
- Sich bei Konflikten nicht „verstecken" sondern diese aktiv angehen
- Offen kommunizieren, Erwartungen, Anerkennung und Kritik klar aussprechen
- Klare Vereinbarungen treffen, Konsequenzen bei Nichteinhaltung aufzeigen
- Mit MitarbeiterInnen respektvoll umgehen
- Den MitarbeiterInnen Weiterentwicklung ermöglichen (Schulungen …)
- Offen sein für Hinweise über arbeitsplatzbedingte Belastungen und diese soweit wie möglich reduzieren
- Gesundheitsgespräche durchführen – MitarbeiterInnen aktiv wahrnehmen und Auffälligkeiten ansprechen, Unterstützung anbieten
- Burn-out-gefährdete MitarbeiterInnen nicht in die Anerkennungsfalle stolpern lassen
- Mit Burn-out- oder suchtgefährdeten MitarbeiterInnen Unterstützungsmöglichkeiten durchgehen und die ersten Schritte dorthin begleiten
- Etc.

7. REFLEXION UND KRITISCHE BETRACHTUNG

Das Konzept GESUND FÜHREN hat sich über die Jahre hinweg (weiter-)entwickelt. Ich habe in verschiedenen Organisationen viele unterschiedliche Erfahrungen damit machen dürfen. Nicht zuletzt hat es mich selbst und meinen Zugang zur Selbstführung maßgeblich geprägt. Einige Themen, die damit in Zusammenhang stehen, möchte ich nun aufwerfen.

Grenzen der Offenheit im Organisationskontext

Die unterschiedlichen Settings im Konzept und meine Haltung als Beraterin laden zu Selbsterfahrung, Offenheit und Selbstreflexion ein. Das ist bewusst so gewählt, denn genau diese Beschäftigung ist der eigentliche Boden für den Umgang mit Menschen. Diese Erfahrung durfte ich erstmals in meiner Ausbildung zur Psychotherapeutin in Integrativer Gestalttherapie machen: „Ich selbst bin das Instrument, auf dem ich spiele". Dazu ein Auszug aus einem Interview mit Laura Perls.

„**Nijole:** *Es gibt Leute, die Therapie als eine technische Fähigkeit betrachten.*
Laura: Ich halte das für einen großen Fehler. In der Gestalttherapie lässt sich jede Technik anwenden, solange sie existentiell und experimentell ist. Wir bedienen uns ja nicht einer einzelnen Technik. Ich würde lieber von Stil als von Technik sprechen. Jeder Therapeut entwickelt seinen eigenen Stil, d. h. seine eigene, integrierte Art des Ausdrucks und der Kommunikation. Technischen Gebrauch macht man von dem, was einem selbst von innen her, durch die eigene Erfahrung, zur Verfügung steht ... **Nijole:** *Das heißt aber doch auch, dass Lebenserfahrung und Bildung im Hinblick auf die therapeutischen Fähigkeiten eine bedeutsame Rolle spielen.* **Laura:** *Das stimmt, und das umfasst alles, was wirklich in deine Persönlichkeit integriert wurde und dir zur Selbstunterstützung dient. Mit Erfahrung meine ich nicht angesammelte Informationen, denn das sind lediglich Introjekte" (in: Doubrava, A., und Doubrava, E., 2005, S. 155–157).*

Führungskräfte arbeiten mit Menschen auf sehr intensive Art und Weise. In Bezug auf die Menschenführung sind auch sie das Instrument, auf dem sie spielen. Doch die intensive Auseinandersetzung mit eigenen Stressmustern, der Selbstführung und der Art und Weise, wie man mit anderen Menschen umgeht, ist sehr persönlich. Viele Führungskräfte scheuen eine zu große Offenheit im KollegInnenkreis, bisweilen zu Recht, wenn die aktuelle Unternehmenskultur für diese Offenheit keinen guten Boden bereitet oder wenn einzelne, destruktive Strömungen spürbar sind.

Im Seminar GESUND FÜHREN ist es für den/die BeraterIn immer wieder eine Herausforderung, Interventionen zu finden, die möglichst viel Entwicklung ermöglichen und gleichzeitig einen Raum für Privatheit lassen. Es sollte daher immer Wahlmöglichkeiten geben, wie viel jemand in jeder einzelnen Situation von sich zeigen möchte. Es kommt häufig vor, dass TeilnehmerInnen in der Pause auf mich zukommen und mich um ein Gespräch bitten.

Soweit es die Zeit zulässt, komme ich diesem Wunsch gerne nach. Sollte zu wenig Zeit für ein Thema sein, verweise ich auf das folgende Personal Follow-up-Gespräch.

Wie sehr sich jemand auf Selbstreflexion und Persönlichkeitsentwicklung einlassen möchte, ist eine individuelle Entscheidung. Im Rahmen eines von mir in dieser Arbeit skizzierten Prozesses melden sich Führungskräfte nicht selbst für ein offen ausgeschriebenes Seminar an. Sie werden, wie bei anderen betrieblichen Maßnahmen zur Führungskräfteentwicklung, von der Geschäftsleitung eingeladen. Auch in anderen Modulen der Führungskräfteausbildung ist Selbstreflexion gefragt, das Ausmaß an persönlicher Betroffenheit ist aber sicher im Seminar GESUND FÜHREN noch einmal deutlich höher. Umso wichtiger ist es, mit Respekt und Achtsamkeit vorzugehen und die individuellen Grenzen stets zu akzeptieren und wertzuschätzen.

Dazu bietet sich der Blickpunkt der Gestalttherapie an, Widerstand als Beistand zu betrachten und dementsprechend *„as assistance for something“* (vgl. Perls, L., in: Screckovic, 2005, S. 185) zu nützen.

Im Personal Follow-up ist eine ähnliche Situation gegeben. Wie schon erwähnt findet das Einzelgespräch mit jeder Führungskraft als Teil des Konzepts aus guten Gründen statt. Nicht jede Führungskraft findet aber in mir als Person eine entsprechende Sparring-Partnerin, mit der sie relevante Themen besprechen möchte. Ich muss auch davon ausgehen, dass nicht jede Führungskraft das absolute Vertrauen hat, dass die Verschwiegenheitsvereinbarung eingehalten wird. Das kann ich verstehen, und in manchen Gesprächen ist auch eine gewisse Zurückhaltung spürbar.

Das ist in Ordnung, ich begegne auch dieser Vorsicht mit Respekt und Offenheit. Auch wenn nicht immer genau ersichtlich ist, welchen Fortschritt eine Führungskraft nun genau machen konnte, vertraue ich darauf, dass vielleicht ein Satz oder eine kleine Erkenntnis für jede/n dabei war.

Worte von Laura Perls laden dazu ein, kleine Schritte zu gehen – kleine Schritte, die gerade JETZT möglich sind. **„Laura:** *... Wenn du mit dem arbeitest, was wirklich* *da ist, selbst wenn jemand völlig abwesend ist oder langweilig, führt alles, was du augenblicklich aufnimmst, dich irgendwohin. ... Ich mache kleine Schritte mit dem Klienten, aber davon mache ich sehr viele, das scheint viel weiter zu führen. Das ist weder das persönliche Schockerlebnis noch die große Überraschung, sondern die eigentliche Wachstumserfahrung" (in: Doubrava, A., und Doubrava, E., 2005, S. 115).*

Grenzen der Organisationsstruktur und -kultur

Doch auch wenn Offenheit, Auseinandersetzung und persönliche Entwicklung auf der Personebene gegeben sind, stoßen Führungskräfte in solchen Prozessen immer wieder an Systemgrenzen. Entscheidungen, die nicht revidierbar sind, unverrückbare Gegebenheiten im Unternehmen, marktwirtschaftliche Anforderungen oder Unverständnis und eingefahrene Urteile verunmöglichen bisweilen die Weiterentwicklung eines mitarbeiterInnengerechten Systems.

Manchmal habe ich den Eindruck, dass durch den differenzierten Blick auf die Gegebenheiten und Rahmenbedingungen auch der Handlungsdruck steigt. So entschied sich z. B. einmal eine Führungskraft in einem Callcenter einige Wochen nach dem Seminar GESUND FÜHREN dazu, das Unternehmen zu verlassen. Nicht, dass das Seminar der Grund gewesen wäre, denn sie fühlte sich schon lange unwohl und konnte ihr Potenzial nicht leben. Doch die intensive Beschäftigung damit und der ehrliche Blick auf sich selbst ließ sie schließlich diese Entscheidung treffen. Die Führungskraft mailte mir im Nachhinein und bedankte sich für den Wegweiser, wie sie es nannte. Auch wenn so etwas sehr selten vorkommt, so kann der Prozess auch diese Richtung nehmen.

Anschlussfähigkeit und Anderssein

Ich arbeite mit dem Konzept GESUND FÜHREN in unterschiedlichen Branchen und mit unterschiedlichen Hierarchieebenen. Viele meiner TeilnehmerInnen sind Männer, oft aus technischen Quellenberufen. Das bedeutet, in Auftritt und Sprache sehr flexibel zu sein. Um ausreichend anschlussfähig zu sein, müssen die Begrifflichkeiten auch der Systemumwelt der Personen angepasst werden.

Nicht zufällig findet die einzige Power-Point-Präsentation des Seminars zu Beginn statt, und ich führe Studien und wissenschaftliche Erkenntnisse, Zahlen, Daten, Fakten an. Mit dem darauffolgenden Thema „Stress" erreiche ich dann die Führungskräfte als Menschen mit ihrem persönlichen Leidensdruck und ihren Bedürfnissen. So gehen wir gemeinsam Schritt für Schritt den Weg zu Themen wie „Zentrierung", „Ich-in-Balance", „Sinnerfüllung" bis hin zu „Meditation".

GESUND FÜHREN und Psychologie

GESUND FÜHREN ist angewandte Psychologie. Es wirkt unmittelbar auf Führungskräfte und mittelbar auf deren MitarbeiterInnen. Es beinhaltet Wissenstransfer bezüglich psychologisch bedeutsamer Inhalte (Burn-out, Stress, Dynamiken bei Mobbing ...), ermöglicht Führungskräften Selbsterfahrung und Selbstreflexion, eine Weiterentwicklung ihrer Kontaktfähigkeit und ist Fortbildung im psychosozialen Umgang mit Menschen. Immer wieder ist es Brücke zur persönlichen Weiterentwicklung mittels Coaching oder Psychotherapie.

Der Platz, den GESUND FÜHREN im Organisationskontext einnimmt, ist ein Platz „an der Grenze", ein Platz der Vermittlung zwischen verschiedenen Welten.

8. AUSBLICK: HOLOTROP FÜHREN®

„Das, was zählt, ist nicht nur das, was Führende tun und wie sie es tun, sondern auch ihre innere Verfassung“ (Otto Scharmer).

Ich habe nun jahrelang mit dem Konzept des GESUND FÜHRENs in Organisationen gearbeitet und das Konzept auch ständig weiterentwickelt, z. B. indem das Thema Resilienz dazukam oder das lebensphasenorientierte Führen seinen Platz fand.

Dabei haben sich im Lauf der Zeit immer wieder **3 Zugänge für Führungskräfte** als hilfreich erwiesen, die über das bestehende Modell, das auf „Gesundheit & Führung“ zentriert ist, noch einen Schritt hinausgehen.

- △ Die vertiefte Auseinandersetzung mit den eigenen Werten, dem Sinn, den man seinem Leben und seiner Aufgabe gibt, mit der persönlichen Grundhaltung, mit der man im Leben steht: Ja zum Leben und zur eigenen Existenz in der Welt sagen, den eigenen Platz in der Welt finden, die Verantwortung und das Gefühl des Verbundenseins mit allem, was uns umgibt;
- △ Achtsamkeit & Präsenz als Haltung, mit der man sich selbst und anderen Menschen begegnet und im Leben steht: Wo immer möglich, bedingungslose Wertschätzung dessen, was ist und dem gegenüber, wie wir im Moment sind und sein können;
- △ Intuition und ein sicheres Gefühl für (innere) Stimmigkeit als Katalysatoren eines Wissens, das nicht rein aus dem rationalen Denken sondern aus einem ganzheitlichen Zugang kommt: Anerkennen, dass es etwas Größeres gibt, das wir nicht verstehen können, das wir aber dennoch in unser Leben und Handeln integrieren können.

So kam es dazu, dass ich das Modell des GESUND FÜHRENs zu einem Modell des HOLOTROP FÜHRENs weiterentwickelte.

Der Begriff „holotrop“ bedeutet „zum Ganzen hin“ und wurde von Stanislav Grof geprägt, der gemeinsam mit seiner Frau das „Holotrope Atmen“ als eine vertiefte Form der Selbsterfahrung mit veränderten Bewusstseinszuständen entwickelt und gelehrt hat. Sylvester Walch hat das Holotrope Atmen im deutschsprachigen Raum verbreitet und maßgeblich weiterentwicklelt. In Österreich wird der Ansatz des weiteren durch den Österreichischen Arbeitskreis für Transpersonale Psychologie und Psychotherapie (ÖATP) vertreten, der auch Träger für Weiterbildungscurricula für diese Arbeit ist. In der „holotropen Atemarbeit“ liegen auch die Wurzeln des Konzepts, von dem ich in Folge schreibe, wenngleich HOLOTROP FÜHREN® nichts mit veränderten Bewusstseinszuständen im engeren Sinn zu tun hat.

„Das Ganze“ bedeutet in diesem Kontext, sich und das eigene Handeln als Teil eines größeren Zusammenspiels zu verstehen, also sich als physisches – psychisches – geistiges Wesen in einem größeren Kontext zu sehen und anzuerkennen, dass man Teil von etwas ist und nicht für sich alleine existiert („nichts existiert aus sich heraus, alles ist mit allem verbunden“). Im richtungsweisenden „Zum-Ganzen-Hin“ steckt die Absicht, das eigene Handeln grundsätzlich zum eigenen Wohle UND zum Wohle aller auszurichten – weil wir uns ja als Teil eines größeren Systems verstehen.

„Führen“ kann man mit „richtungsweisendem, steuerndem Eingreifen“ übersetzen. Führungskräfte führen sich selbst, ihre MitarbeiterInnen und schließlich das Unternehmen oder einen Teil eines Unternehmens. Damit tragen sie einiges an Verantwortung: Verantwortung für sich, für andere Menschen und das (Sub-)System bzw. für das Fortkommen der Organisation, für die sie arbeiten.

HOLOTROP FÜHREN® meint „zum Ganzen hin führend“.

Führungskräfte, die HOLOTROP FÜHREN®, versuchen, ihre Arbeit so zu tun, dass die Auswirkungen ihres Handelns nicht nur für sie selbst oder ihr unmittelbares Team oder das eigene Unternehmen, sondern für sie selbst UND das eigene Team UND das Unternehmen beziehungsweise sogar darüber hinaus Positives bewirken. Mit dieser inneren Ausrichtung tragen Führungskräfte zur Entwicklung von Menschen und sozialen Systemen bei.

Es gibt in diesem Modell naturgemäß viele Bezugspunkte zum Modell des GESUND FÜHRENs, so wie z. B. Achtsamkeit durchaus gesundheitsförderlich ist oder „Präsenz“ sich unmittelbar auf die Gesprächsbasis mit anderen Menschen auswirkt. HOLOTROP FÜHREN® geht aber noch einen Schritt weiter als GESUND FÜHREN und stellt die innere Ausrichtung der Führungskraft und ihre handlungsleitenden Werte ins Zentrum.

Zum Begriff des „Größeren Ganzen“: Was das „größere Ganze“ ist, lässt sich nicht in allgemein gültigen Worten festlegen. Jede/r von uns hat andere Bilder von dem, in das wir eingebettet sind. Hier landen wir bei der spirituellen Dimension unseres Seins, die in unserer rational und materiell dominierten Gesellschaft zumindest äußerlich wenig Platz einnimmt. „Spirituell“ hat einen zwiespältigen Ruf, sehr häufig wird damit Esoterik gleichgesetzt. Und da sprießen derzeit viele Angebote unterschiedlicher Seriosität und Qualität aus dem Boden. Das macht zu Recht skeptisch, auch wenn Esoterik im ursprünglichen altgriechischen Wortlaut mit „innerlich“ oder „dem inneren Bereich zugehörig“ übersetzt wird. Der Benediktinermönch Steindl Rast übersetzt „Spiritualität“ mit dem einfachen Wort „Lebendigkeit“ – und nennt drei Fragen, die sich in diesem Zusammenhang stellen:

- △ WAS ist das (was ich sehe/spüre/wahrnehme ...)?
- △ WARUM bin ich hier, warum ist etwas da?
- △ WIE handle ich richtig?

Genau an dieser Stelle verliert „Spiritualität“ das Ungeifbare und wird konkret. Mit der ersten Frage eröffnet Steindl-Rast das Feld der Achtsamkeit: Was nehme ich wahr? Wie offen sind meine Sinne? Wie wach ist mein Geist? Mit der zweiten Frage zielt er auf die innere Führung ab: Was will mir diese Situation zeigen? Was ist -jetzt- meine Aufgabe? Und in der letzten Frage geht es darum, sich für eine bestimmte Handlung oder ein Verhalten zu entscheiden.

Führungskräfte sind in der aktuellen Zeit mehr als früher gefordert, sich in komplexen Systemen zu bewegen, unter Druck Entscheidungen zu treffen und Veränderungen zu begleiten. Gleichzeitig fallen viele Haltepunkte im Außen, wie es zum Beispiel ein lebenslang sicherer Arbeitsplatz oder der sichere Halt einer Großfamilie waren, weg. Haltepunkte im Innen wollen oft neu definiert werden, weil überbrachte Wertesyteme nicht mehr hinlänglich greifen. Wenn Führungskräfte einen ausschließlich Ich-zentrierten Zugang zur Welt haben, werden sie anders agieren, als wenn sie sich eingebunden und verbunden fühlen mit all dem, was sie umgibt, und ihr Selbstverständnis durch dieses größere Ganze erweitern, wie auch immer sie „das größere Ganze“ für sich definieren wollen.

Wenn Führungskräfte sich Fragen stellen wie:

- △ Was ist wirklich wichtig?
- △ Was möchte ich in meinem Leben/meiner beruflichen Aufgabe bewirken?
- △ Wann hat mein Leben Sinn gehabt?
- △ Was ist meine Verantwortung in der Welt?
- △ Was macht mich glücklich,

dann tun sie viel dafür, dass ihr Leben tiefer und reicher wird und leisten gleichzeitig einen wertvollen Beitrag, der über sie selbst hinausgeht und im Umgang mit MitarbeiterInnen genauso wie im privaten Umfeld spürbar wird.

Wenn in komplexen und dynamischen Situationen schnelle und/oder schwierige Entscheidungen zu treffen sind, kann das systematische Nutzen von Intuition sehr hilfreich sein, vor allem wenn man gelernt hat, Intuition von Wunschdenken, Befürchtungen und Phantasien zu unterscheiden.

Doch jeder Mensch macht Fehler. HOLOTROP FÜHREN® ist auch ein Bekenntnis zur eigenen Unvollkommenheit. Zu gemachten Fehlern zu stehen, daraus zu lernen und dabei sich selbst und anderen gegenüber wertschätzend zu bleiben, ermöglicht persönliche, fachliche und spirituelle Weiterentwicklung. Die laufende Reflexion des eigenen Handelns und das Auflösen persönlicher destruktiver Muster führen zur ständigen Transformation und zur Entwicklung zunehmender Präsenz und Achtsamkeit im Alltag. Auch herausfordernde Situationen können so mit mehr innerer Ruhe und Gelassenheit gemeistert werden.

Durch den gestärkten eigenen Zugang zu Veränderung und Entwicklung können Führungskräfte in der Regel auch Veränderungsprozesse in Unternehmen feinfühliger und sicherer begleiten.

Durch meditative Achtsamkeitsübungen lernt man, sich auch in schwierigen Situationen auf das eigene Wissen, bereits gemachte Erfahrungen und die innere Stärke zu besinnen und entwickelt ein sicheres Gefühl für Stimmigkeit. Die zunehmende innere Klarheit und Zentrierung bewirken natürliches Charisma und eine positive Ausstrahlung.

Erkenntnisse der positiven und der transpersonalen Psychologie, der Intuitionsforschung und der Neurowissenschaften sowie Ergebnisse der Achtsamkeitsforschung fließen in das Konzept des HOLOTROPEN FÜHRENs ein und werden zu einem für Führungskräfte zugeschnittenen Modell verknüpft.

Die oben beschriebenen Zugänge werden im Seminar vorgestellt und geübt sowie anhand praktischer Fallbeispiele in ihrer Anwendung erprobt.

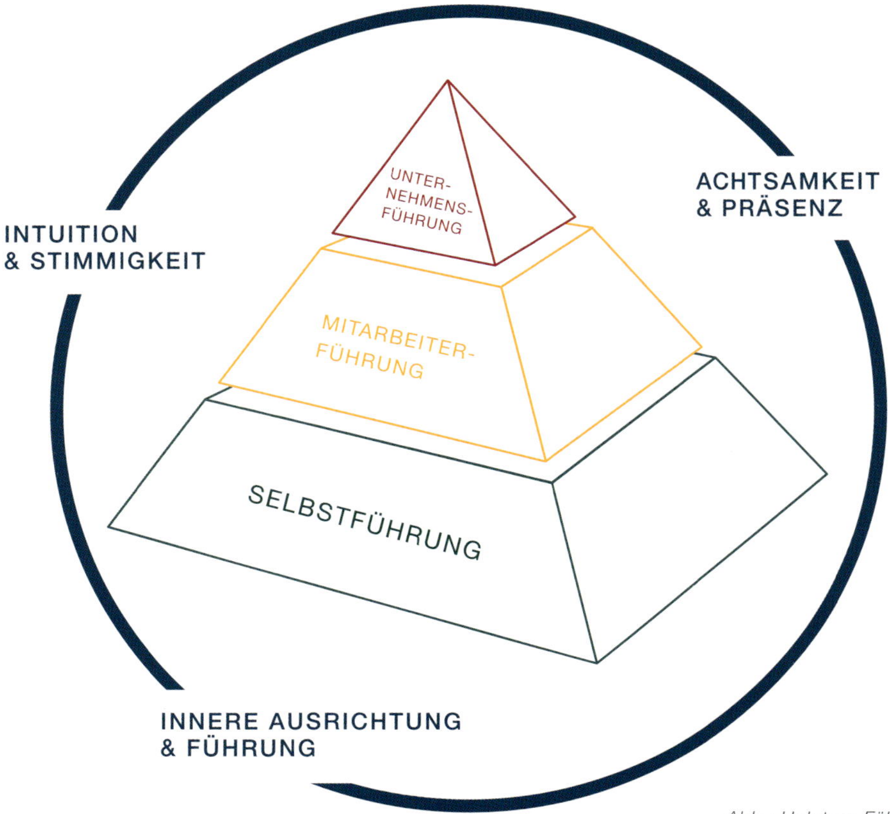

Abb.: Holotrop Führen®

Zusammenfassung **HOLOTROP FÜHREN®**

- △ fördert eine achtsame, wertschätzende Haltung der Führungskräfte und damit MitarbeiterInnenzufriedenheit und Leistungsbereitschaft;
- △ sensibilisiert Führungskräfte, für das Gesamte zu denken und zu handeln, anstatt Insellösungen zu forcieren;
- △ hilft Führungskräften, auch in schwierigen Situationen Zugang zu innerer Stärke und Gelassenheit zu finden;
- △ unterstützt Führungskräfte dabei, ihre Mitarbeiter resilient im Umgang mit Veränderungen werden zu lassen, und fördert den Zusammenhalt im Team;
- △ ist ein Katalysator für Innovation und Kreativität, weil Führungskräfte zu ihren im Alltag oft verdeckten, tiefer liegenden Potenzialen und Ressourcen finden;
- △ verbindet unterschiedliche Zugänge auf den Ebenen der Selbstführung, Mitarbeiterführung und Unternehmensführung und kann so zu einem inneren Kompass in der Führungsarbeit werden.

9. LITERATUR

Ahrer, G. D., Psychotherapie in der Arbeitswelt, in: Hutterer-Krisch, R., Pfersmann, V., Farag, I. S. (Hrsg.), Psychotherapie, Lebensqualität und Prophylaxe, Springer, Wien 1996, S. 267–278

Amann, E. G., Resilienz, Haufe, Freiburg 2014

Amesberger, G., Pfingstner, R., Schörghuber, K., Amesberger, B., Universitätslehrgang Integrative Outdoor- Aktivitäten®, in: Fischer, T. (Hrsg.), Hochschule und Erlebnispädagogik. Hochschuldidaktische Bausteine einer handlungs- und erlebnisorientierten Pädagogik, Schneider, Hohengehren 2006

Amendt-Lyon, N., Bolen, I., Höll, K., Konzepte der Gestalttherapie, in: Hochgerner, M., Hoffmann-Widhalm, H., Nausner, L., Wildberger, E. (Hrsg.), Gestalttherapie, Facultas, Wien 2004, S. 101–124

Badura, B., Hehlmann, T., Betriebliche Gesundheitspolitik. Der Weg zur gesunden Organisation, Springer, Berlin 2003

Baeijert, L., Stellamans, A., Resilienz: Ein Werkstattbuch zur Widerstandskraft, Solutions Academy, 2013

Bamberg, E., Ducki, A., Metz, A.-M. (Hrsg.), Gesundheitsförderung und Gesundheitsmanagement in der Arbeitswelt. Ein Handbuch, Hogrefe, Göttingen 2011

Bauer, J., Das Gedächtnis des Körpers. Wie Beziehungen und Lebensstile unsere Gene steuern, Eichborn, Frankfurt am Main 2002

Bohnefeld, U., Gonschior, T. (Regie), Auf den Spuren der Intuition, Inter/Aktion, Gesellschaft für interaktive Medien, München 2011 (DVD)

Zur Bonsen, M., Maleh, C., Appreciative Inquiry (AI). Der Weg zu Spitzenleistungen. Beltz, Weinheim und Basel 2001

Bosch, Gerhard, in: Spiegel, Ausgabe 29. Juni 2011, http://www.spiegel.de/wirtschaft/unternehmen/burnout-gefahr-firmen-fuerchten-den-stressfaktor-chef-a-777093.html

Charigault, D., Resilienz im Unternehmen ... denn Krisen machen uns stark!, AVM, München 2011

Covey, S. R., The 7 Habits of highly effective People, Simon & Schuster, London 2004

Dalai Lama, Muyzenberg, L.v.d., Führen, gestalten, bewegen. Werte und Weisheit für eine globalisierte Welt, Heyne, München 2010

Döring, W., Grundsätze und Beiträge zur Prophylaxe, in: Hutterer-Krisch, R., Pfersmann, V., Farag, I. S. (Hrsg.), Psychotherapie, Lebensqualität und Prophylaxe, Springer, Wien 1996, S. 199–224

Doubrava, A., Doubrava, E. (Hrsg.), Meine Wildnis ist die Seele des Anderen. Der Weg zur Gestalttherapie. Laura Perls im Gespräch mit Daniel Rosenblatt u. a., Peter Hammer Verlag, Wuppertal 2005

Dreitzel, H. P., Gestalt und Prozess. Eine psychotherapeutische Diagnostik oder: Der gesunde Mensch hat wenig Charakter, EHP, Bergisch Gladbach 2004

Ehrenberg, A., Das erschöpfte Selbst. Depression und Gesellschaft in der Gegenwart, Campus, Frankfurt 2004

Eidenschink, K., Führen ist Stress. Zur Psychologie des Führens, in: Deutsche Vereinigung für Gestalttherapie. Forum für Gestaltperspektiven, 16. Jahrgang, Heft 2/2002, Edition Humanistische Psychologie, Bergisch Gladbach 2002

Fliedl, R., Majce-Egger, M., Gruppenmodelle, in: Majce-Egger, M. (Hrsg.), Gruppentherapie und Gruppendynamik – Dynamische Gruppentherapie, Facultas, Wien 1999

Fredrickson, B. L., Die Macht der guten Gefühle. Wie eine positive Haltung ihr Leben dauerhaft verändert. Campus, Frankfurt 2011

Frischenschlager, 0., Vom Krankheits- zum Gesundheitsbegriff, in: Hutterer-Krisch, R., Pfersmann, V., Farag, I. S. (Hrsg.), Psychotherapie, Lebensqualität und Prophylaxe, Springer, Wien 1996, S. 3–16

Franke, F., Vincent, S., Felfe, J., Gesundheitsbezogene Führung, in: Bamberg, E., Ducki, A., Metz, A. M. (Hrsg.), Gesundheitsförderung und Gesundheitsmanagement in der Arbeitswelt. Ein Handbuch. Hogrefe, Göttingen 2011, S. 372–391

Fuhr, R., Gremmler-Fuhr, M. A., Kommunikations- und Konfliktklärung, Hogrefe, Göttingen 2004

Gänsler, S., Bröske, T., Die Gesundarbeiter, Murmann, Hamburg 2010

Geißler, H., Bökenheide, T., Schlünkes, H., Geißler-Gruber, B., Faktor Anerkennung. Betriebliche Erfahrung mit wertschätzenden Dialogen, Campus, Frankfurt 2007

Gellert, M., Nowak, C., Teamarbeit – Teamentwicklung – Teamberatung. Ein Praxisbuch für die Arbeit in und mit Teams, Limmer, Meezen 2002

Glasl, F., Konfliktmanagement. Ein Handbuch für Führungskräfte, Beraterinnen und Berater, Freies Geistesleben, Stuttgart 1997

Glasl, F., Lievegood, B., Dynamische Unternehmensentwicklung. Grundlagen für nachhaltiges Change Management, Freies Geistesleben, Stuttgart 2011

Glöde, D., Betriebswirtschaftliche Evaluationsmethoden, in: Bamberg, E., Ducki, A., Metz., A. M. (Hrsg.), Gesundheitsförderung und Gesundheitsmanagement in der Arbeitswelt. Ein Handbuch. Hogrefe, Göttingen 2011, S. 235–255

Gremmler-Fuhr, M., Grundkonzepte und Modelle der Gestalttherapie, in: Fuhr, R., Sreckovic, M., Gremmler-Fuhr, M., Handbuch der Gestalttherapie, Hogrefe, Göttingen 1999, S. 345–392

Hartmann-Kottek, L., Gestalttherapie, Springer, Berlin-Heidelberg 2004

Heller, J., Resilienz. 7 Schlüssel für mehr innere Stärke, GU, München 2013

Heller, J., Resilienz. Innere Stärke für Führungskräfte, Orell Füssli, Zürich 2015

Hendricks, G., Ludeman, K., Visionäres Management als Führungskonzept der Zukunft, Wirtschaftlicher Erfolg durch Integrität, Intuition und Spiritualität, Drömer Knaur, München 1997

Hölzgen, S., Mitarbeiterentwicklung im demographischen Wandel, in: Schwuchow, K. H., Gutmann, J., Jahrbuch Personalentwicklung. Ausbildung. Weiterbildung. Management Development, Wolters Kluwer, Köln 2011, S. 289–294

Hutterer-Krisch, R., Über Werte. Psychotherapeutische Beiträge zur Gesellschaftskritik, in: Hutterer-Krisch, R., Pfersmann, V., Farag, I. S. (Hrsg.), Psychotherapie, Lebensqualität und Prophylaxe, Springer, Wien 1996, S. 17–48

Hutterer-Krisch, R., Amendt-Lyon, N., Gestaltdiagnostik, in: Hochgerner, M., Hoffmann-Widhalm, H., Nausner, L., Wildberger, E. (Hrsg.), Gestalttherapie, Facultas, Wien 2004, S. 153–175

Illmarinen, J., Tempel, J., in: Giesert, M. (Hrsg.), Arbeitsfähigkeit 2010. Was können wir tun, damit Sie gesund bleiben?, VSA Verlag, Hamburg 2010

Janig, H., Fuchs, A., Fuchs, B., Groebner-Tascher, E., Wilfinger, E., Präventivpsychologie. Eine neue Form der Vorsorge, Goldstein, Wien 1993

Kabat Zinn, J., Gesund durch Meditation. Das große Buch der Selbstheilung. Fischer, 2006

Kaluza, G., Salute! Was die Seele stark macht, Klett-Cotta, Stuttgart 2011

Kellner, H., Konflikte verstehen, verhindern, lösen. Konfliktmanagement für Führungskräfte, Carl Hanser, München 2000

Kepner, J. I., Körperprozesse. Ein gestalttherapeutischer Ansatz, Edition Humanistische Psychologie, Köln 1988

Kessler-Eckhart, S., Psychotherapie im Unternehmen: Eine Antwort auf Mobbing und Burnout? Oder: Neue Arbeitsrealitäten als Herausforderung für die Psychotherapie? Masterarbeit. Grin, Norderstedt 2011

Kinigadner, S., Gesundheitsförderung in der Arbeitswelt, in: Kirchler, E., Rodler, C., Bernhold, D. (Hrsg.), Psychologie in der Wirtschaft. Porträts aus der Praxis, WUV, Wien 1997, S. 142–160

Kornfield, J., Frag den Buddha und geh den Weg des Herzens. Fernöstliche Lehren für den westlichen Alltag, Kösel, München 2010

Leithoff, S., Ganzheitliches Gesundheitsmanagement, in: Wellensiek, S. K., Widerstandskraft und Flexibilität für Unternehmen und Mitarbeiter, Beltz, Weinheim 2011, S. 314–331

Lehrhaupt, L., & Meibert P., Stress bewältigen mit Achtsamkeit. Zu innerer Ruhe kommen durch MBSR. Kösel, 2011

Lenert, M., Kognitive verhaltenstherapeutische Aspekte der Prophylaxe psychischer Störungen in der Arbeits- und Organisationsgestaltung, in: Hutterer-Krisch, R., Pfersmann, V., Farag, I. S. (Hrsg.), Psychotherapie, Lebensqualität und Prophylaxe, Springer, Wien 1996, S. 245–265

Luif, I., Arbeit mit kreativen Medien in der Feldsupervision, in: Hutterer-Krisch, R., Luif, I., Baumgartner, G. (Hrsg.), Neue Entwicklungen in der Integrativen Gestalttherapie. Wiener Beiträge zum Theorie-Praxis-Bezug, Facultas, Wien 1999

Majce-Egger, M., Autonomieentwicklung in Gruppen, in: Majce-Egger, M. (Hrsg.), Gruppentherapie und Gruppendynamik – Dynamische Gruppenpsychotherapie. Theoretische Grundlagen, Entwicklungen und Methoden. Facultas, Wien 1999

Malik, F., Führen Leisten Leben. Wirksames Management für eine neue Zeit, Heyne, München 2000

Matyssek, A. K., Führung und Gesundheit. Ein praktischer Ratgeber zur Förderung der psychosozialen Gesundheit im Betrieb. Books on Demand, Norderstedt 2010

Matyssek, A. K., Gesund führen – sich und andere! Books on Demand, Norderstedt 2011

Meier, U., Sill, B., Führung. Macht. Sinn. Ethos und Ethik für Entscheider in Wirtschaft, Gesellschaft und Kirche, Friedrich Pustet, Regensburg 2010

Menninger, K., Das Leben in Balance. Seelische Gesundheit und Krankheit im Lebensprozess, Kindler, München 1974

Nerdinger, W. F., Arbeits- und Organisationspsychologie. Springer Lehrbuch, 2014

Neuberger, O., Führen und führen lassen. Ansätze, Ergebnisse und Kritik der Führungsforschung, Lucius & Lucius, Stuttgart 2002

Nieder, P., Führung und Gesundheit. Die Rolle des Vorgesetzten im Gesundheitsmanagement, in: Brandenburg, U., Nieder, P., Nieder, S. (Hrsg.), Gesundheitsmanagement in Unternehmen: Grundlagen, Konzepte und Evaluation, Juventa, Weinheim 2000, S. 149–161

Obermayr-Breitfuss, R., Intuition. Theorie und praktische Anwendung, Books on Demand, Berlin 2009

Pechtl, W., Zwischen Organismus und Organisation, Wegweiser und Modelle für Berater und Führungskräfte, Veritas, Linz 1995

Perls, F., Grundlagen der Gestalt-Therapie. Einführung und Sitzungsprotokolle, Pfeiffer, München 1985

Perls, F., Hefferline, R., Goodman, P., Gestalttherapie – Grundlagen, dtv, München 1991

Petzold, H. G., (Hrsg.), Die Rolle des Therapeuten und die therapeutische Beziehung, Paderborn, Frankfurt 1980

Petzold, H. G., 5 Säulen der Identität (1993), www.therapiedschungel.ch/content/5_saeulen_der_identitaet.htm

Petzold, H. G., Gestalttherapie aus Sicht der Integrativen Therapie, in: Fuhr, R., Sreckovic, M., Gremmler-Fuhr, M., Handbuch der Gestalttherapie, Hogrefe, Göttingen 1999, S. 309–327

Polster, E., Polster, M., Gestalttherapie. Theorie und Praxis der Integrativen Gestalttherapie, Peter Hammer Verlag, Wuppertal 2001

Raich, O., Spiritualität und Management. Eine empirische Untersuchung über das Werteverständnis von spirituell praktizierenden Führungskräften, Masterthesis 2012; einsichtig unter www.raich-trauner.at

Rampe, M., Der R-Faktor. Das Geheimnis unserer inneren Stärke, Books on Demand, Hamburg 2010

Reivich, K., Shatté, A., The Resilience Factor. 7 keys to finding your inner strength and overcoming life's hurdles, Broadway Books 2003

Scharmer, O., Theorie U. Von der Zukunft her führen. Öffnen des Denkens, Öffnen des Fühlens, Öffnen des Willens, Carl Auer, Heidelberg 2011

Schulz von Thun, F., Miteinander reden 1/2/3, Rororo, Reinbeck 2010

Schwarzinger, W., Stumm, G., Gestalttherapie, in: Stumm, G., Wirt, B. (Hrsg.), Psychotherapie – Schulen und Methoden, Falter, Wien 1995, S. 156–176

Seliger, R., Das Dschungelbuch der Führung. Ein Navigationssystem für Führungskräfte, Carl Auer, Heidelberg 2008

Seligman, M., Flourish – wie Menschen aufblühen. Die positive Psychologie des gelingenden Lebens, Kösel, München 2011

Siegrist, J., Soziale Krisen und Gesundheit, Hogrefe, Göttigen 1996

Spieß, E., Stadler, P., Gesundheitsförderliches Führen – Defizite erkennen und Fehlbelastungen der Mitarbeiter reduzieren, in: Weber, A., Hörmann, G. (Hrsg.), Psychosoziale Gesundheit im Beruf, Genter-Verlag, Stuttgart 2007, S. 255–274

Sprenger, R. K., Das Prinzip Selbstverantwortung. Wege zur Motivation, Campus, Frankfurt 1997

Sreckovic, M. (Hrsg.), Laura Perls. Leben an der Grenze. Essays und Anmerkungen zur Gestalttherapie, Edition Humanistische Psychologie, Bergisch Gladbach 2005

Stadler, P., Spieß, E., Mitarbeiterorientiertes Führen und soziale Unterstützung am Arbeitsplatz, www.baua.de/de/Publikationen/Fachbeitraege/Gd5.html?nn=667378 (2003)

Walch, S., Dimensionen der menschlichen Seele. Transpersonale Psychologie und holotropes Atmen, Walter Verlag, Düsseldorf 2002

Walch, S., Vom Ego zum Selbst. Grundlinien eines spirituellen Menschenbildes, O. W. Barth, München 2011

Walch, S., Wirtschaft und Spiritualität, in: Informer 35, Coverstory, 2012, S. 12–15

Walch, S., Die ganze Fülle deines Lebens. Ein spiritueller Begleiter zu den Kräften deiner Seele, Fischer und Gann, 2016

Wardetzki, B., Kränkung am Arbeitsplatz. Strategien gegen Missachtung, Gerede und Mobbing, Kösel, München 2006

Watzlawick, P., Beavin, J. H., Jackson, D. D., Menschliche Kommunikation. Formen, Störungen, Paradoxien. Hans Huber, Bern 2003

Wellensiek, S. K., Widerstandskraft und Flexibilität für Unternehmen und Mitarbeiter, Beltz, Weinheim 2011

Wendt, N., Ensle, M., Stress- und Burn-out-Prävention. Handbuch für Führungskräfte, Betriebsräte und Arbeitsmediziner, OGB, Wien 2009

Wheeler, G., Kontakt und Widerstand. Ein neuer Zugang zur Gestalttherapie, Edition Humanistische Psychologie, Molln und Eckhardt, Köln 1993

WHO, Depression, www.emro.who.int/health-topics/depression/

Zapf, D., Mobbing in Organisationen – Überblick zum Stand der Forschung. In: Zeitschrift für Arbeits- und Organisationspsychologie, 43 (N.F.17) 1, Hogrefe 1999, S. 1–25

10. ANHANG:

Anhang 1: Fragebogen Gesundheitsförderliches Führungsverhalten

(nach Matyssek, 2011)

Gesundheitsförderliches Führungsverhalten

3 stimmt voll
2 stimmt ziemlich
1 stimmt eher nicht
0 stimmt absolut nicht

Anerkennung und Wertschätzung

1. Ich kenne die größte Stärke aller meiner direkten MitarbeiterInnen (bis max. 30MA). 3 2 1 0
2. Ich lobe wesentlich öfter als ich kritisiere. 3 2 1 0
3. Ich habe nur selten ein ungutes Gefühl, wenn ich eine Aufgabe delegiert habe (= ich frage mich nur selten, ob d. MA das wohl richtig macht). 3 2 1 0
4. Ich übertrage meinen MitarbeiterInnen verantwortungsvolle Aufgaben und versuche, ihren Handlungsspielraum zu erweitern. 3 2 1 0
5. Ich beteilige meine MitarbeiterInnen an Entscheidungsprozessen. 3 2 1 0
6. Ich habe keine Lieblinge, die ich bevorzugt behandle. 3 2 1 0
7. Ich erkenne meine eigene Leistung an und belohne mich auch ab und zu dafür. 3 2 1 0

Interesse und Aufmerksamkeit

8. Ich beobachte meine MitarbeiterInnen wohlwollend. 3 2 1 0
9. Veränderungen, wie z. B. eine neue Frisur, fallen mir in der Regel auf. 3 2 1 0
10. Ich bin immer genau informiert über die Fehlzeiten in meiner Abteilung. 3 2 1 0
11. Ich nehme persönlich Kontakt zu MitarbeiterInnen in längerer Krankheit (ab ca. 10 Tagen) auf. 3 2 1 0
12. Ich führe grundsätzlich Wilkommensgespräche mit jedem/jeder MitarbeiterIn. 3 2 1 0
13. Ich achte ganz bewusst auf sicherheitsgerechtes Arbeiten meiner MitarbeiterInnen. 3 2 1 0
14. Wenn mir bei einem/einer MitarbeiterIn Veränderungen auffallen, spreche ich diese zeitnahe an (z. B. eine Zeitlang besonders ruhig, unkonzentriert …) 3 2 1 0

15. Ich habe die fachliche und persönliche Weiterentwicklung meiner MitarbeiterInnen im Auge und ermögliche ihnen den Besuch von Fortbildungen. 3 2 1 0
16. Ich bemerke an mir, wenn ich eine Zeit lang zu viel gearbeitet habe – wenn das der Fall ist, steuere ich bewusst gegen. 3 2 1 0

Belastungsreduzierung und Ressourcenaufbau

17. Ich bemühe mich, für meine MitarbeiterInnen da zu sein und ihnen den Rücken zu stärken. 3 2 1 0
18. Meine MitarbeiterInnen wissen, dass ich ihnen nicht in den Rücken falle und sie auch bei einer Panne nicht „im Regen stehen" lasse. 3 2 1 0
19. Ich bemühe mich, auch in punkto Gesundheitsverhalten ein Vorbild zu sein. 3 2 1 0
20. Ich versuche, Belastungen meiner MitarbeiterInnen so gut es irgendwie geht in „gesundem Maß" zu halten. 3 2 1 0
21. Ich erkenne immer genau, wann einer meiner MitarbeiterInnen überlastet ist und weiß auch, wer auf Stress wie reagiert (mit Zurückziehen, mit Ärger ...). 3 2 1 0
22. Auf Hinweise über arbeitsplatzbedingte Belastungen reagiere ich im Rahmen meiner Möglichkeiten. 3 2 1 0
23. Bei besonders engagierten MitarbeiterInnen achte ich darauf, dass sie sich nicht zu viel vornehmen (Anerkennungsfalle, Überstunden, ...) 3 2 1 0

Gesprächsführung und Kommunikation

24. Ich bemühe mich, für meine MitarbeiterInnen immer ein offenes Ohr zu haben, z. B. indem ich oft (mind. 1x/Woche) durch die Abteilung gehe (walking around). 3 2 1 0
25. Ich habe in Gesprächen (im Durchschnitt) maximal 50% Redeanteil. 3 2 1 0
26. Ich suche häufig (mind. 1x/Monat) das Gespräch mit jedem/jeder MitarbeiterIn, nicht nur in Mitarbeiterjahres- und Beurteilungsgesprächen. 3 2 1 0
27. Ich stelle meinen MitarbeiterInnen oft Fragen. 3 2 1 0
28. Ich versuche, Sach- und Beziehungsaspekte in Gesprächen nicht zu vermischen (z. B. hart in einer Sache zu bleiben und dabei weich zur Person). 3 2 1 0
29. Ich spreche nicht ironisch oder herablassend mit meinen MitarbeiterInnen. 3 2 1 0

Transparenz und Durchschaubarkeit

30. Ich bemühe mich, alle Informationen über das Unternehmen und die Abteilung (die ich auch weitergeben kann) rasch weiterzugeben und damit „Wissensgefälle" zu vermeiden. 3 2 1 0

31. Meine MitarbeiterInnen wissen genau, was ich von ihnen erwarte, und ich gebe ihnen dazu regelmäßig Feedback (mind. 1x/Monat) 3 2 1 0
32. Die Meinung meiner MitarbeiterInnen ist mir wichtig. 3 2 1 0
33. Feedback funktioniert bei uns gegenseitig, das heißt
a) meine MitarbeiterInnen trauen sich auch, mich zu kritisieren, 3 2 1 0
b) meine MitarbeiterInnen trauen sich auch, mich zu loben. 3 2 1 0
34. In unserer Abteilung gibt es klare (und für alle gültige) „Spielregeln" (Pausen ...) 3 2 1 0
35. Ich treffe mit meinen MitarbeiterInnen klare Vereinbarungen. Werden diese nicht eingehalten, schaue ich nicht weg, sondern bleibe dran. 3 2 1 0

Betriebsklima und Stimmung

36. Ich begrüße meine MitarbeiterInnen morgens freundlich. 3 2 1 0
37. Ich ermutige meine MitarbeiterInnen, ihren Arbeitsplatz persönlich zu gestalten. 3 2 1 0
38. Ich versuche, angstreduzierend zu führen (Humor nutzen, ruhig sprechen ...). 3 2 1 0
39. „Bitte" und „Danke" sind bei uns selbstverständlich. Schreien kommt nicht vor. 3 2 1 0
40. Ich achte darauf, dass sich meine MitarbeiterInnen gegenseitig unterstützen, wenn eine/r mal besonders viel um die Ohren hat. 3 2 1 0
41. Wenn Konflikte in der Abteilung auftreten, handle ich so rasch wie möglich und spreche das Problem an. 3 2 1 0
42. Ich sorge für „faire" Verteilung der Arbeitsbeanspruchungen, sodass die Engagierten nicht immer auch noch Zusatzaufgaben ausfassen. 3 2 1 0

Gesamtsumme _________

Maximale Punkteanzahl	126
Minimale Punkteanzahl	0

Bitte gehen Sie nochmals ihre Bewertungen durch: Was fällt Ihnen auf? Was klappt gut, wo sind eventuell Baustellen? An welchen Stellen werden sie in nächster Zeit ansetzen, um ihr (gesundheitsförderliches) Führungsverhalten noch weiter zu verbessern? Konkretisieren Sie 1-2 dieser Ideen und leiten Sie daraus überschaubare, umsetzbare Maßnahmen für sich selbst ab.

____

____

____

Anhang 2: Fragebogen Führungsverhalten unter Stress

(nach Matyssek, 2011)

Führungsverhalten unter Stress

Verändert sich Ihr Führungsverhalten, wenn Sie im Stress sind? Entscheiden Sie sich zwischen rechts und links, auch wenn beide Seiten keine eindeutigen Gegensätze darstellen? Was ist am ehesten typisch für Sie?

Wenn ich Stress habe …

☐ … delegiere ich eher weniger und mache mehr selbst, damit es auch sicher klappt.	Oder	☐ … delegiere ich eher mehr, um mich zu entlasten.
☐ … verzichte ich schnell einmal auf meine kleinen Pausen zwischendurch.	Oder	☐ … nehme ich mir ganz bewusst kleine Pausen zum Strecken, Füße vertreten, Kaffee trinken mit Kollegen.
☐ … bin ich so konzentriert, dass meine Mimik oft sehr ernst und unbeweglich wird.	Oder	☐ … habe ich trotzdem oft ein Lächeln auf den Lippen.
☐ … kann es schon vorkommen, dass ich mal etwas lauter werde und sich meine Umgangsformen verändern.	Oder	☐ … bleibe ich trotzdem immer freundlich und höflich.
☐ … erwarte ich von anderen selbstverständlich, dass sie gute Arbeit leisten („dafür werden sie ja schließlich bezahlt").	Oder	☐ … ist mir bewusst, dass besonders in stressigen Zeiten positives Feedback die nötige Sicherheit für gute Leistungen gibt.

☐	... ist mir egal, was ich esse. Manchmal vergesse ich sogar überhaupt darauf, zu essen und zu trinken.	Oder ☐	... achte ich erst recht auf eine gesunde Ernährung und ausreichendes Trinken.
☐	... sind mir Sicherheitsvorschriften manchmal egal, wenn es dadurch schneller geht.	Oder ☐	... folge ich trotzdem dem Prinzip „Sicherheit hat Vorrang".
☐	... reiße ich manchmal auch Aufgaben an mich, die eigentlich jemand anderes machen sollte.	Oder ☐	... habe ich das Vertrauen, dass meine MitarbeiterInnen ihre Jobs schon gut machen werden.
☐	... arbeite ich zu 100% aufgaben- und sachorientiert.	Oder ☐	... achte ich weiterhin auf das Wohlbefinden meiner MitarbeiterInnen.
☐	... arbeite ich abends, so lange es nur irgendwie geht, und versuche danach, einfach nur noch abzuschalten und zu vergessen.	Oder ☐	... gönne ich mir (und manchmal auch meinen MitarbeiterInnen) etwas Gutes.

Was fällt Ihnen auf? Gibt es irgendwc Baustellen oder Verhaltensweisen, die Sie gerne verändern möchten? Selbst wenn es mit dem Verändern nicht gleich klappt: Oft hilft es auch schon, im Nachhinein darüber zu reden und sich in manchen Fällen vielleicht auch bei den MitarbeiterInnen für eine bestimmte Verhaltensweise zu entschuldigen.

Anhang 3: Leitfäden Gesundheitsgespräche

Anhang 3.1. Leitfaden Willkommensgespräch

Wann

- Informelles Gespräch direkt nach jeder Abwesenheit (Krankheit oder Urlaub), auch wenn es sich nur um wenige Tage handelt.

Wozu

- Um den/die MitarbeiterIn willkommen zu heißen
- Um den/die MitarbeiterIn mit den neuesten betrieblichen Informationen zu versorgen
- Bei Krankheit: Um möglichst frühzeitig eventuelle gesundheitsbeeinträchtigende Faktoren am Arbeitsplatz zu erfahren

Wer

- MitarbeiterIn und direkte Führungskraft

Wie

- Aktiv auf den/die MitarbeiterIn zugehen
- Positiv begrüßen, ohne ein schlechtes Gewissen für die Abwesenheit zu vermitteln („Schön, dass Sie wieder da sind!")
- Nach dem Urlaub des Mitarbeiters/der Mitarbeiterin nach dem Urlaub erkundigen („Wie war es im Urlaub?")
- Bei Krankheit: Fragen, ob er/sie wieder völlig gesund und einsatzfähig ist oder ob noch irgendetwas berücksichtigt werden sollte
- Unter Umständen bei Krankheit: Erfragen, ob die Krankheit mit der betrieblichen Arbeitssituation in Zusammenhang steht – kann die Führungskraft etwas verändern?

Worauf kommt es an

- Nehmen Sie sich kurz Zeit, den/die MitarbeiterIn abzuholen und willkommen zu heißen.
- Dieses Gespräch darf ruhig „zwischen Tür und Angel" ablaufen.
- Führen Sie dieses Gespräch nicht nur nach krankheitsbedingten Fehlzeiten, sondern nach JEDER Abwesenheit durch, somit erhöhen Sie den wertschätzenden Faktor des Gesprächs und kommen nicht in den Verdacht, Kontrolle ausüben zu wollen.

Anhang 3.2. Leitfaden Arbeitsbewältigungsgespräch

Wann

- △ Bei längeren Fehlzeiten und schweren Erkrankungen/Verletzungen (wie z. B. Herzinfarkt, Burn-out, Bandscheibenvorfall, Krebserkrankung ...)
- △ Wenn der/die MitarbeiterIn unter Umständen seine/ihre Arbeit nicht mehr wie bisher durchzuführen imstande ist
- △ Wenn mit Rückfällen, speziellen Behandlungen und Rehabilitationszeiten zu rechnen ist

Wozu

- △ Um eine möglichst schonende Wiedereingliederung in den Arbeitsprozess zu ermöglichen
- △ Um mögliche arbeitsbedingte (Mit-)Ursachen für die Fehlzeit zu erfahren
- △ Um die zukünftige Arbeitsbewältigung sicherzustellen („Ich möchte Sie in der Arbeit halten")
- △ Um zu diesem Zweck konkrete Vereinbarungen zu treffen, die das Verhalten des Mitarbeiters/der Mitarbeiterin und/oder die Arbeitsbedingungen bzw. die Arbeitsgestaltung betreffen können

Wer

- △ MitarbeiterIn und direkte Führungskraft, eventuell Hinzuziehen einer 3. Person (ArbeitsmedizinerIn ...)

Wie

- △ Eröffnung und Beziehungsaufbau
- △ Grund und Ziel des Gesprächs
- △ Bedeutung des Mitarbeiters/der Mitarbeiterin unterstreichen („Sie sind ein wichtiger Teil ...")
- △ Befindlichkeit in der Arbeitssituation erheben (aktuelle Möglichkeiten und Grenzen)
- △ Ressourcen ansprechen („Was fällt Ihnen im Moment besonders leicht? Was geht Ihnen im Moment gut von der Hand? Wobei fühlen Sie sich am besten?")
- △ Zeitrahmen abklären (Gibt es z. B. Prognosen bzgl. der Rehabilitationszeit?)
- △ Gemeinsame Ideenfindung für eine schonende Wiedereingliederung in den Betrieb (Verhältnisebene, Arbeitsgestaltung)
- △ Verhaltensebene berücksichtigen („Was können Sie für sich tun?")
- △ Unterstützung signalisieren („Was kann ich für Sie tun? Was kann das Unternehmen für Sie tun, z. B. Gesundheitsangebote")

- △ Gemeinsame konkrete Lösungen vereinbaren
- △ Zusammenfassung des Gesprächs
- △ Weitere Schritte (z. B. Folgetermin fixieren)
- △ Für einen positiven Gesprächsabschluss sorgen

Worauf kommt es an

- △ Gute Vorbereitung
- △ Entspannte Atmosphäre
- △ Unterstützung nicht nur signalisieren, sondern konkret machen
- △ Vereinbarungen notieren

Anhang 3.3. Leitfaden Fehlzeitengespräch

Wann

- Bei gehäuften Kurzkrankenständen mit bestimmten Auffälligkeiten (z. B. häufig an Montagen, Freitagen oder Fenstertagen, nach organisatorischen Veränderungen im Betrieb, nach für den/die MitarbeiterIn unangenehmen Entscheidungen des/der Vorgesetzten)
- Bei hohen Fehlzeiten unklarer Ursache

Wozu

- Um mögliche arbeitsbezogene Ursachen für die Fehlzeiten zu ergründen und, soweit möglich, zu beheben
- Um dem/der MitarbeiterIn zu signalisieren, dass die Fehlzeiten gesehen werden, dass sich diese auf den Betrieb und die KollegInnen auswirken und es nötig ist, Lösungen zu finden („Der/Die ArbeitgeberIn will nicht mehr ausgenutzt werden").
- Um klare nächste Schritte zu vereinbaren und das Vertrauen wieder wachsen zu lassen

Wer

- MitarbeiterIn und direkte Führungskraft, eventuell mit einer 3. Person

Wie

- Eröffnung und Beziehungsaufbau
- Grund und Ziel des Gesprächs
- Beobachtungen und Fakten auf den Tisch (konkrete Fehlzeiten der letzten Monate)
- Auswirkungen der Fehlzeiten auf den Betrieb, das Gruppenklima etc.
- Arbeitsbezogene Faktoren als mögliche (Mit-)Ursachen für die Fehlzeiten erheben
- Sichtweise des Mitarbeiters/der Mitarbeiterin erheben (Erkennt er/sie die Problematik?)
- Beziehungsfaktoren mit der Führungskraft erheben („Habe ich irgendetwas getan, was ...")
- Erwartungen an den/die MitarbeiterIn klarstellen
- Gemeinsam Wege erarbeiten und vereinbaren, um die Fehlzeiten zu senken
- Zusammenfassung des Gesprächs und der Vereinbarungen
- Folgetermin fixieren
- Für einen positiven Gesprächsabschluss sorgen

Worauf kommt es an

- △ Gute Vorbereitung (Beobachtungen notieren, geeigneten Rahmen schaffen, eigene Gefühle wie z. B. Ärger auf den/die MitarbeiterIn klären)
- △ Positive, lösungsorientierte Atmosphäre schaffen
- △ Fakten benennen – keine Vermutungen, Gerüchte und Zuschreibungen!
- △ Bezugnahme rein auf dienstliche Aspekte der Fehlzeiten
- △ Vereinbarte Lösungsmaßnahmen schriftlich, ev. den/die MitarbeiterIn unterschreiben lassen

Anhang 3.4. Leitfaden Stabilisierungsgespräch

Wann

- △ Bei mittleren, unklaren Fehlzeiten
- △ Bei Unklarheiten bezüglich des psychologischen Arbeitsvertrags (Gibt es Unzufriedenheiten des Mitarbeiters/der Mitarbeiterin? Wie sehr identifiziert sich der/die MitarbeiterIn mit dem Unternehmen/dem Team?)
- △ Bei auffälligen, wiederkehrenden Unterschieden in Bezug auf Motivation, Verhalten, Gefühlslage

Wozu

- △ Um mögliche arbeitsbezogene Ursachen für das Verhalten zu ergründen mit dem Ziel, die Ursachen, soweit möglich, auszuräumen
- △ Um mögliche private Ursachen zu erfahren (soweit der/die MitarbeiterIn diese mitteilen möchte) und den/die MitarbeiterIn eventuell durch arbeitsbezogene Maßnahmen (Arbeitszeitflexibilisierung etc.) zu unterstützen
- △ Um die Beziehung zwischen Führungskraft und MitarbeiterIn und damit auch den psychologischen Arbeitsvertrag zu stärken, Botschaft: „Gegenseitige Erwartungsklärung – mit guten Absichten"

Wer

- △ MitarbeiterIn und direkte Führungskraft

Wie

- △ Eröffnung und Beziehungsaufbau
- △ Grund und Ziel des Gesprächs
- △ Bedeutung des Mitarbeiters/der Mitarbeiterin unterstreichen („Sie sind ein wichtiger Teil ...")
- △ Beobachtungen ansprechen („Ich habe den Eindruck ...)
- △ Arbeitsbezogene Faktoren wie z. B. Konflikte ansprechen („Wie läuft es mit den KollegInnen?" ...)
- △ Positive Kriterien ansprechen („Was gefällt Ihnen am meisten bei der Arbeit?")
- △ Mögliche andere Hindernisse erfragen („Gibt es Schwierigkeiten, die wir gemeinsam angehen können?")
- △ Unterstützung signalisieren („Wie kann ich Sie unterstützen, damit ...?" „Was kann ich beitragen, dass ...?")
- △ Gegenseitige Erwartungen klären
- △ Gemeinsame Lösungen finden und vereinbaren

- Zusammenfassung des Gesprächs
- Weitere Schritte (z. B. Folgetermin fixieren)
- Für einen positiven Gesprächsabschluss sorgen

Worauf kommt es an

- Gute Vorbereitung (Beobachtungen notieren, geeigneten Rahmen schaffen, eigene Vorstellungen und Bilder klären)
- Entspannte Atmosphäre, die Öffnung ermöglicht
- Ausreichend offene und systemische Fragen
- Vereinbarungen notieren, dranbleiben (Folgetermin ankündigen und durchführen!)

Anhang 3.5. Leitfaden Anerkennender Erfahrungsaustausch

Wann

- △ Ohne äußeren akuten Anlass
- △ Mit gesunden und gesundeten LeistungsträgerInnen

Wozu

- △ Um Wertschätzung und Interesse an der Meinung des Mitarbeiters/der Mitarbeiterin zu zeigen
- △ Um gesundheitsbezogene Einschätzungen über das Unternehmen von LeistungsträgerInnen zu erhalten

Wer

- △ MitarbeiterIn und direkte Führungskraft

Wie

- △ Eröffnung und Beziehungsaufbau
- △ Grund und Ziel des Gesprächs
- △ Bedeutung des Mitarbeiters/der Mitarbeiterin unterstreichen („Sie sind ein wichtiger Teil ...")
- △ Anerkennung für die Leistung aussprechen, Wertschätzung der Person signalisieren
- △ Ressourcen ansprechen („Was gefällt Ihnen/gefällt Ihnen am meisten bei der Arbeit?")
- △ Beanspruchungen erheben („Was belastet/stört Sie bzw. belastet/stört Sie am meisten bei der Arbeit?")
- △ Verbesserungspotenzial erfahren („Wenn sie an meiner Stelle wären, was würden sie als Erstes verbessern?")
- △ Identifikation abfragen und stärken („Worauf sind sie besonders stolz als MitarbeiterIn unseres Unternehmens?")
- △ MitarbeiterInnensicht bzgl. Gesundheitsförderung im Unternehmen erheben („Was macht aus Ihrer Sicht das Unternehmen für die Gesundheit der MitarbeiterInnen?")
- △ Zusammenfassung der Erkenntnisse und Ergebnisse des Gesprächs
- △ Für einen positiven Gesprächsabschluss sorgen

Worauf kommt es an

- △ Nehmen Sie sich für dieses Gespräch Zeit
- △ Eigene Offenheit für Ideen und Anregungen
- △ Erkenntnisse notieren

Anhang 4: Fragebogen Innere Antreiber

(Fragen und Auswertung vgl. www.boku.ac.at/sfh/Documents/Antreibertest.pdf)

Innere Antreiber

Ob wir Stress empfinden oder gelassen bleiben, hängt nicht nur von äußeren Einflüssen wie Arbeitsbedingungen oder andern Faktoren ab, sondern wird auch maßgeblich von unserer Seelenlandschaft gesteuert. Um einen Anhaltspunkt für Ihre inneren Antreiber zu erhalten, bewerten Sie bitte die folgenden Aussagen danach, wie Sie sich im Moment in Ihrer beruflichen Situation selbst erleben. Denken Die bitte nicht lange nach, sondern finden Sie eher intuitiv den Wert und schreiben Sie ihn bitte vor die Aussage.

Die folgenden Aussagen treffen auf mich zu

Voll und ganz	= 5
gut	= 4
etwas	= 3
kaum	= 2
gar nicht	= 1

☐ 1. Wann immer ich eine Arbeit mache, dann mache ich sie gründlich.

☐ 2. Ich fühle mich verantwortlich, dass diejenigen, die mit mir zu tun haben, sich wohlfühlen.

☐ 3. Ich bin ständig auf Trab.

☐ 4. Anderen gegenüber zeige ich meine Schwächen nicht gerne.

☐ 5. Wenn ich raste, roste ich.

☐ 6. Häufig brauche ich den Satz: „Es ist schwierig, etwas so genau zu sagen."

☐ 7. Ich sage oft mehr, als eigentlich nötig wäre.

☐ 8. Ich habe Mühe, Leute zu akzeptieren, die nicht genau sind.

☐ 9. Es fällt mir schwer, Gefühle zu zeigen.

☐ 10. Nur nicht locker lassen, ist meine Devise.

☐ 11. Wenn ich meine Meinung äußere, begründe ich sie auch.

☐ 12. Wenn ich einen Wunsch habe, erfülle ich ihn mir schnell.

☐ 13. Ich liefere einen Bericht erst ab, wenn ich ihn mehrere Male überarbeitet habe.

☐ 14. Leute die „herumtrödeln", regen mich auf.

☐ 15. Es ist für mich wichtig, von anderen akzeptiert zu werden.

☐ 16. Ich habe eher eine harte Schale, aber einen weichen Kern.

☐ 17. Ich versuche oft herauszufinden, was andere von mir erwarten, um mich danach zu richten.

☐ 18. Leute, die unbekümmert in den Tag hineinleben, kann ich nur schwer verstehen.

☐ 19. Bei Diskussionen unterbreche ich die anderen oft.

☐ 20. Ich löse meine Probleme selber.

☐ 21. Aufgaben erledige ich möglichst rasch.

☐ 22. Im Umgang mit anderen bin ich auf Distanz bedacht.

☐ 23. Ich sollte viele Aufgaben noch besser erledigen.

☐ 24. Ich kümmere mich persönlich auch um nebensächliche Dinge.

☐ 25. Erfolge fallen nicht vom Himmel – ich muss sie hart erarbeiten.

☐ 26. Für dumme Fehler habe ich wenig Verständnis.

☐ 27. Ich schätze es, wenn andere auf meine Fragen rasch und bündig antworten.

☐ 28. Es ist mir wichtig, von anderen zu erfahren, ob ich meine Sache gut gemacht habe.

☐ 29. Wenn ich eine Aufgabe einmal begonnen habe, führe ich sie auch zu Ende.

☐ 30. Ich stelle meine Wünsche und Bedürfnisse zugunsten der Wünsche und Bedürfnisse anderer Personen zurück.

☐ 31. Ich bin anderen gegenüber oft hart, um von ihnen nicht verletzt zu werden.

- [ ] 32. Ich trommle oft ungeduldig mit den Fingern auf den Tisch.
- [ ] 33. Beim Erklären von Sachverhalten verwende ich gerne die klare Aufzählung: erstens ..., zweitens ..., drittens ...
- [ ] 34. Ich glaube, dass die meisten Dinge nicht so einfach sind, wie viele meinen.
- [ ] 35. Es ist mir unangenehm, andere Leute zu kritisieren.
- [ ] 36. Bei Diskussionen nicke ich häufig mit dem Kopf.
- [ ] 37. Ich strenge mich an, um meine Ziele zu erreichen.
- [ ] 38. Mein Gesichtsausdruck ist eher ernst.
- [ ] 39. Ich bin nervös.
- [ ] 40. So schnell kann mich nichts erschüttern.
- [ ] 41. Meine Probleme gehen die anderen nichts an.
- [ ] 42. Ich sage oft: „Macht mal vorwärts."
- [ ] 43. Ich sage oft: „Genau", „exakt", „klar", „logisch".
- [ ] 44. Ich sage oft: „Das verstehe ich nicht ..."
- [ ] 45. Ich sage eher: „Könnten Sie es nicht einmal versuchen?" als „Versuchen Sie es einmal".
- [ ] 46. Ich bin diplomatisch.
- [ ] 47. Ich versuche, die an mich gestellten Erwartungen zu übertreffen.
- [ ] 48. Beim Telefonieren arbeite ich nebenbei oft weiter.
- [ ] 49. „Auf die Zähne beißen" heißt die Devise.
- [ ] 50. Trotz enormer Anstrengung will mir vieles einfach nicht gelingen.

Die Auswertung

Antreiber   Frage Nummer 1, 2, 3 …

Sei perfekt!	1	8	11	13	23	24	33	38	43	47	Σ
Mach schnell!	3	12	14	19	21	27	32	39	42	48	Σ
Streng Dich an!	5	6	10	18	25	29	34	37	44	50	Σ
Mach es allen recht!	2	7	15	17	28	30	35	36	45	46	Σ
Sei stark!	4	9	16	20	22	26	31	40	41	49	Σ

Tragen Sie bitte die Totalwerte jedes Antreibers in die folgende Tabelle ein:

	Sei perfekt!	Mach schnell	Streng Dich an	Mach es allen recht	Sei stark	
50						50
48						48
46						46
44						44
42						42
40	ungesund	ungesund	ungesund	ungesund	ungesund	40
38						38
36						36
34						34
32						32
30	Stresswerte	Stresswerte	Stresswerte	Stresswerte	Stresswerte	30
28						28
26						26
24						24
22						22
20						20
18						18
16						16
14						14
12						12

ANTREIBER:

Antreiber sind Stressprogramme. Um den Antreiber zu aktivieren, ist Stress notwendig. Antreiber haben keinen Maßstab. Antreiber versprechen Erfolg und Bestätigung, halten dies aber nicht. Dies insbesondere nicht, weil sie kein Maß kennen, wann etwas genug ist. Antreiber werden von Autoritätspersonen verbal oder durch Modell vermittelt. Dies geschieht durchwegs im guten Glauben, dass man auf diese Weise gut durchs Leben kommt. Antreiber sind interne, in der Kindheit gelernte Anweisungen, die wir, ohne uns dessen bewusst zu sein, uns selber geben, wenn wir unter Stress kommen bzw. wir uns in unserem Selbstbewusstsein angeknabbert fühlen.

Sei perfekt

- Interner Glaube: „Ich müsste eigentlich alles noch besser machen, ich bin nicht gut genug."

Mach schnell

- Interner Glaube: „Ich müsste eigentlich viel schneller sein, ich werde nie fertig werden."

Streng Dich an

- Interner Glaube: „Ich muss mich wenigstens bemühen, wenn ich es auch nicht schaffe."

Mach es allen recht

- Interner Glaube: „Ich muss alle zufriedenstellen, sonst bin ich wertlos."

Sei stark

- Interner Glaube: „Niemand darf es merken, dass ich schwach, empfindlich, ratlos bin."

ERLAUBER:

Machen Antreiber überflüssig bzw. relativieren sie, sie nehmen den Druck heraus. Sie sind wie Lizenzen (wie ein Führerschein) man darf, aber man muss nicht.

Sei perfekt

- Ich darf Fehler machen und aus ihnen lernen. Ich bin gut genug.

Mach schnell

- Eins nach dem anderen. Ich darf mir die Zeit nehmen, die ich brauche. Ich darf meinen Rhythmus und meine Form berücksichtigen.

Streng dich an

- ↗ Ich darf locker und mit Zielorientierung arbeiten.
- ↗ Ich darf erfolgreich sein und Erfolge genießen.

Mach es allen recht

- ↗ Ich darf mich selbst und meine Bedürfnisse ernst nehmen.
- ↗ Ich bin o. k., auch wenn jemand mit mir unzufrieden ist.

Sei stark

- ↗ Ich darf offen sein für Zuwendung und auch für Konfrontation.
- ↗ Ich darf mir Hilfe holen.

Reflektieren Sie bitte folgende Fragen:

Was hat dieser Antreiber bisher für mich getan, und was hat er mir ermöglicht?
Welche Grenzen und negativen Seiten hat dieser Antreiber?
Wie möchte ich in Zukunft produktiv und angemessen mit diesem Antreiber umgehen?
Wie könnte die Botschaft meines Erlaubers lauten?

Meine „Lieblings"-Antreiber und meine „Erlauber" dazu:

1. ______________________________

2. ______________________________

3. ______________________________

↗ Umgang mit Antreibern

1. Bewusstheit erlangen
2. Gewohnten Ablauf unterbrechen
3. Mir innerlich eine Gegenbotschaft geben
4. Mit dem neuem Verhalten experimentieren
5. Die Veränderung bewusst registrieren

Anhang 5: Fragebogen zur aktuellen Stressbelastung

(vgl. www.burn-out.at)

Aktuelle Stressbelastung

Denken Sie an die letzten 4 Wochen und beantworten Sie die folgenden Fragen bitte nach Ihrem ersten Impuls. Bleiben Sie bei Ihrem Gefühl – seien Sie ehrlich mit sich selbst, Sie verdienen es! Tragen Sie die Punkteanzahl in der Spalte rechts ein und addieren Sie zuletzt! (Das Ergebnis bleibt bei Ihnen).

	Trifft fast nie zu	Trifft selten zu	Trifft fast die ganze Zeit zu	Trifft fast die ganze Zeit zu	Trifft fast die ganze Zeit zu
1. Ich habe allgemein zu viel Stress in meinem Arbeitsbereich.	1	2	3	4	5
2. Durch meine Arbeit muss ich auf private Kontakte und Freizeitaktivitäten verzichten.	1	2	3	4	5
3. Wie in meinem Unternehmen mit Menschen umgegangen wird, kann ich nicht gutheißen	1	2	3	4	5
4. Ich fühle mich überfordert durch die Anforderungen in der Arbeit.	1	2	3	4	5
5. Ich leide an chronischer Müdigkeit.	1	2	3	4	5
6. Direkter Kontakt mit Menschen, beruflich oder privat, belastet mich.	1	2	3	4	5
7. Ich habe das Interesse an meiner Arbeit verloren.	1	2	3	4	5
8. Ich mache mehr Fehler als früher und muss mich dann sehr anstrengen, diese wiedergutzumachen.	1	2	3	4	5
9. Ich handle manchmal so, als wäre ich eine Maschine. Ich bin mir selbst fremd.	1	2	3	4	5

10. Die Anliegen und Probleme meiner MitarbeiterInnen bzw. Kunden berühren mich persönlich deutlich weniger als früher.	1	2	3	4	5
11. Ich mache zynische Bemerkungen über Kunden oder MitarbeiterInnen.	1	2	3	4	5
12. Wenn ich morgens aufstehe und an meine Arbeit denke, bin ich gleich wieder müde.	1	2	3	4	5
13. Ich fühle mich machtlos, meine Arbeitssituation zu verändern.	1	2	3	4	5
14. Ich bekomme zu wenig Anerkennung für das, was ich leiste.	1	2	3	4	5
15. Auf meine KollegInnen und MitarbeiterInnen kann ich mich nicht verlassen, ich arbeite über weite Bereiche für mich allein.	1	2	3	4	5
16. Wenn ich nach Hause komme, fühle ich mich emotional ausgehöhlt.	1	2	3	4	5
17. In Arbeitspausen kann ich nicht abschalten.	1	2	3	4	5
18. Ich bin oft krank, anfällig für körperliche Krankheiten bzw. Schmerzen.	1	2	3	4	5
19. Ich schlafe schlecht, besonders vor Beginn einer neuen Arbeitsperiode.	1	2	3	4	5
20. Ich fühle mich frustriert in meiner Arbeit.	1	2	3	4	5
21. Eine oder mehrere der folgenden Eigenschaften trifft auf mich zu: nervös, ängstlich, reizbar, ruhelos.	1	2	3	4	5
22. Meine eigenen körperlichen Bedürfnisse (Essen, Trinken, WC) muss ich hinter die Arbeit reihen.	1	2	3	4	5
23. Ich habe das Gefühl, ich werde von der Firma und den KollegInnen im Regen stehen gelassen.	1	2	3	4	5
24. Ich fühle mich unfähig, meine Arbeit richtig zu machen.	1	2	3	4	5
25. Meine Werte und das, was mir wichtig ist, zählen bei meiner Arbeit nicht.	1	2	3	4	5
Summe					

Auswertung

Dieser Fragebogen ist eine Momentaufnahme. Er hilft Ihnen nicht nur, Ihre Arbeitsbelastung einzustufen, sondern er zeigt Ihnen auch, in welchen Bereichen zunächst Veränderungen sinnvoll wären. Sie können diesen Fragebogen auch öfter machen, z. B. 1x/ Monat, um einen Veränderungsprozess zu überprüfen.

Bis 50 Punkte und keine Frage mit 5 beantwortet

Alles läuft gut, die Arbeit ist erfüllend und flüssig. Wenn Probleme auftauchen, dann werden diese wahrscheinlich aus anderen Lebensbereichen oder aus dem Bereich Gesundheit kommen und nicht aus dem Arbeitsbereich.

Bis 50 Punkte und/oder maximal 2 Fragen mit 5 beantwortet

Geringes Burn-out-Risiko. Sie sind im Fluss Ihrer Arbeit. Aber achten Sie auf die Problembereiche und verändern Sie dort etwas.

51–82 Punkte und/oder drei bis fünf Fragen mit 5 beantwortet

Achtung! Beginnende Burn-out-Situation. Verändern Sie zuerst kurzfristig Ihre Arbeitsbelastung und überprüfen Sie in zwei Monaten nochmals die Arbeitsbeanspruchung mit diesem Fragebogen.

Über 83 Punkte und/oder mehr als fünf Fragen mit 5 beantwortet

Es ist dringend Zeit etwas zu tun. Suchen Sie den Betriebsarzt oder Hausarzt auf und berichten Sie ihm über Ihre Probleme.

Persönliche Notizen:

____

____

____

Anhang 6: Fragebogen Gesundheitsförderliche Zusammenarbeit

Gesundheitsförderliche Zusammenarbeit

1. Wir haben einen wertschätzenden Umgang miteinander.

stimme voll zu — stimmte gar nicht zu

1 2 3 4 5 6 7 8 9 10

2. Wir erfahren Wertschätzung, Lob und Anerkennung durch unsere/n Vorgesetze/n.

stimme voll zu — stimmte gar nicht zu

1 2 3 4 5 6 7 8 9 10

3. Ich fühle mich durch meine Arbeitszeit/Überstunden wenig belastet.

stimme voll zu — stimmte gar nicht zu

1 2 3 4 5 6 7 8 9 10

4. Ich fühle mich in der Arbeit körperlich wenig belastet.

stimme voll zu — stimmte gar nicht zu

1 2 3 4 5 6 7 8 9 10

5. Wir kommunizieren offen/haben einen guten Informationsfluss in der Abteilung/im Team.

stimme voll zu — stimmte gar nicht zu

1 2 3 4 5 6 7 8 9 10

6. Wir haben selten Konflikte in der Abteilung/im Team.

stimme voll zu | stimmte gar nicht zu

1 2 3 4 5 6 7 8 9 10

7. Wir haben einen guten Umgang mit Konflikten.

stimme voll zu | stimmte gar nicht zu

1 2 3 4 5 6 7 8 9 10

8. In der Abteilung/im Team unterstützen wir einander bei Bedarf gegenseitig.

stimme voll zu | stimmte gar nicht zu

1 2 3 4 5 6 7 8 9 10

9. Der Arbeitseinsatz der Abteilungs- bzw. Teammitglieder ist ausgeglichen.

stimme voll zu | stimmte gar nicht zu

1 2 3 4 5 6 7 8 9 10

10. Unser/e Vorgesetzte/r verteilt die Arbeit gerecht und behandelt uns gleich.

stimme voll zu | stimmte gar nicht zu

1 2 3 4 5 6 7 8 9 10

11. Bei uns herrscht Klarheit bzgl. Zielen und Spielregeln.

stimme voll zu | stimmte gar nicht zu

1 2 3 4 5 6 7 8 9 10

12. Unsere Abteilung hat einen guten Ruf/eine gute Position im Gesamtunternehmen.

stimme voll zu | stimmte gar nicht zu

1 2 3 4 5 6 7 8 9 10

Anhang 7: Leitfaden Team Follow-up

Zeitrahmen, je nach Auswertungsergebnissen und Teamgröße

- kleines Team, gute Ergebnisse:	1 Stunde
- mittelgroßes Team (ca. 8–10 Personen), mittlere Ergebnisse:	2–3 Stunden
- großes Team oder kritische/konflikthafte Ergebnisse:	4 Stunden
- großes Team und kritische Ergebnisse:	1 Tag

1) Eröffnung

Begrüßung durch den/die TeamleiterIn (TL)
Bedanken bei allen teilnehmenden MitarbeiterInnen (MA)
Ablauf vorstellen:

- △ Ergebnisse präsentieren
- △ Diskussion: Wie kommt es zu diesen Ergebnissen?
- △ Verbesserungs- und Lösungsvorschläge sammeln
- △ Vereinbarungen treffen und Maßnahmen beschließen

2) Präsentation der Ergebnisse

Kurzes Erklären der Auswertung (Mittelwert, Streuung)
Präsentation der Ergebnisse

- △ die bestbewerteten Fragen grün markieren
- △ die kritisch/sehr unterschiedlich bewerteten Fragen rot markieren

3) Diskussion: Wie kommt es zu den Ergebnissen?

a) Die besten Ergebnisse (gemeinsam unter: „Was macht uns stark?")
Frage an die Gruppe: Wie kommt es zu dieser Bewertung?
➚ Sammeln ➚ Wertschätzen ➚ Anerkennen

b) Die „kritischen" Ergebnisse (einzeln nach Fragestellung)
Frage an die Gruppe: Wie kommt es zu dieser Bewertung?
➚ Sammeln ➚ Offenheit anerkennen

Falls keine Wortmeldungen, die MitarbeiterInnen kurz zu zweit austauschen lassen
Klärung: gab es vielleicht Missverständnisse beim Ausfüllen des Fragebogens?

4) Verbesserungs- und Lösungsvorschläge sammeln

Kurze Zusammenfassung durch den/die TL, Positives nochmals hervorheben. Dann kritische Punkte einzeln durchgehen. Frage an das Team: „Was können wir tun, um von Bewertung 6 (Bsp.) auf Bewertung 8 (Bsp.) zu kommen?"

5) Vereinbarungen treffen und Maßnahmen beschließen

Aus den Vorschlägen heraus Vereinbarungen treffen (Einverständnis aller abfragen)
Aus den Vorschlägen heraus Maßnahmen beschließen (Wer macht was bis wann?)

6) Nächste Schritte, Danke und Verabschiedung

Nächste Schritte (z. B. sind alle Punkte angesprochen oder ist ein weiteres Treffen zur Vertiefung nötig? Gibt es ein weiteres Team Follow-up zur Überprüfung der Maßnahmen?)

➚ Zusammenfassung ➚ Danke ➚ Verabschiedung

Anhang 8: Kurztest Resilienz – Personebene

Resilienzfaktor	Typische Aussagen	SKALA 1-10 1= nicht zutreffend 10=stimmt genau	
		IST	SOLL
Optimismus: Ich vertraue darauf, dass es gut oder besser wird.	Ich rechne meist mit dem Besten und bin zuversichtlich für die Zukunft.		
Akzeptanz: Annehmen, was geschieht, es ist ein Teil meines Lebens.	Was vorbei ist, ist vorbei. Mit Unabänderlichem kann ich mich ganz gut abfinden.		
Lösungsorientierung: Ich gehe die Dinge an. Ich werde aktiv.	Ich suche stets nach Wegen und Lösungen und nicht nach Gründen und Schuldigen.		
Selbstwirksamkeit: Ich bin überzeugt, dass ich Einfluss nehmen kann und meine Handlungen Wirkung zeigen.	Probleme sind Herausforderungen und ich kann alles schaffen, was ich mir vornehme.		
Übernahme von Verantwortung: Ich weiß, welche Verantwortung ich habe und welche andere haben.	Ich stehe zu meiner Verantwortung und treffe selbstständig Entscheidungen. Ich kann Fehler eingestehen.		
Netzwerkorientierung: Ich traue mich, andere um Hilfe zu bitten, und kümmere mich aktiv um Kooperation.	Gemeinsam geht's besser. Ich darf anderen vertrauen und auf andere und ihre Unterstützung bauen.		
Zukunftsplanung: Ich plane meine Zukunft, ich sorge für mich.	Ich habe Ziele, die ich erreichen will, ich prüfe Chancen und Risiken.		

Aussagen in Anlehnung an: Heller, 2013

Anhang 9: Kurztest Resilienz – Teamebene

Resilienzfaktor	Typische Aussagen	SKALA 1–10 1= nicht zutreffend 10=stimmt genau	
		IST	SOLL
Optimismus: Wir vertrauen darauf, dass es gut oder besser wird.	Wir rechnen meist mit dem Besten und sind zuversichtlich für die Zukunft.		
Akzeptanz: Annehmen, was geschieht, es ist ein Teil unserer Arbeit.	Was vorbei ist, ist vorbei. Mit Unabänderlichem können wir uns ganz gut abfinden.		
Lösungsorientierung: Wir gehen die Dinge an. Wir werden aktiv.	Wir suchen stets nach Wegen und Lösungen und nicht nach Gründen und Schuldigen.		
Selbstwirksamkeit: Wir sind überzeugt, dass wir Einfluss nehmen können und unsere Handlungen Wirkung zeigen.	Probleme sind Herausforderungen, und wir können alles schaffen, was wir uns vornehmen.		
Übernahme von Verantwortung: Wir wissen, welche Verantwortung wir haben und welche andere haben.	Wir stehen zu unserer Verantwortung und treffen Entscheidungen. Wir können Fehler eingestehen.		
Netzwerkorientierung: Wir trauen uns, andere um Unterstützung zu bitten, und kümmern uns aktiv um Kooperation.	Gemeinsam geht's besser. Wir dürfen anderen vertrauen und auf andere und ihre Unterstützung bauen.		
Zukunftsplanung: Wir planen die Zukunft, wir sorgen für unseren Verantwortungsbereich.	Wir haben Ziele, die wir erreichen wollen, wir prüfen Chancen und Risiken.		

Anhang 10: Auswertung des Resilienz-Kurztests – Teamebene

Zeitrahmen je nach Auswertungsergebnissen und Teamgröße:

- kleines Team, gute Ergebnisse:	1 Stunde
- mittelgroßes Team (ca. 8–10 Personen), mittlere Ergebnisse:	2–3 Stunden
- großes Team oder kritische/konflikthafte Ergebnisse:	4 Stunden
- großes Team und kritische Ergebnisse:	1 Tag

1) Eröffnung

Begrüßung durch den/die TeamleiterIn (TL.) Bedanken bei allen teilnehmenden MitarbeiterInnen (MA.) Ablauf vorstellen:

- △ Ergebnisse präsentieren
- △ Diskussion: Wie kommt es zu diesen Ergebnissen?
- △ Stärkenprofil erstellen, Verbesserungsvorschläge sammeln
- △ Vereinbarungen treffen und Maßnahmen beschließen

2) Präsentation der Ergebnisse

Kurzes Erklären der Auswertung (Mittelwert, Streuung)
Präsentation der Ergebnisse

- △ die bestbewerteten Fragen grün markieren
- △ die kritisch/sehr unterschiedlich bewerteten Fragen rot markieren

3) Diskussion: Wie kommt es zu den Ergebnissen?

a) Die besten Ergebnisse (gemeinsam unter „Was macht uns stark?")
Frage an die Gruppe: Wie kommt es zu dieser Bewertung?
➚ Sammeln ➚ Wertschätzen ➚ Anerkennen

b) Die „kritischen" Ergebnisse (einzeln nach Fragestellung)
Frage an die Gruppe: Wie kommt es zu dieser Bewertung?
➚ Sammeln ➚ Offenheit anerkennen

Falls keine Wortmeldungen, die MA kurz zu zweit austauschen lassen. Klärung: Gab es vielleicht unterschiedliche Interpretationen beim Ausfüllen des Fragebogens?

4) Verbesserungs- und Lösungsvorschläge sammeln

Kurze Zusammenfassung durch den/die TL, Positives nochmals hervorheben. Dann kritische Punkte einzeln durchgehen. Frage an das Team: „Was können wir tun, um von Bewertung 6 (Bsp.) auf Bewertung 8 (Bsp.) zu kommen?"

5) Vereinbarungen treffen und Maßnahmen beschließen

Aus den Vorschlägen heraus Vereinbarungen treffen (Einverständnis aller abfragen)
Aus den Vorschlägen heraus Maßnahmen beschließen (Wer macht was bis wann?)

6) Nächste Schritte, Danke und Verabschiedung

Nächste Schritte (z. B. sind alle Punkte angesprochen oder ist ein weiteres Treffen zur Vertiefung nötig? Gibt es ein weiteres Team Follow-up zur Überprüfung der Maßnahmen?) ➚ Zusammenfassung ➚ Danke ➚ Verabschiedung

Anhang 11: Anleitung „ICH in Balance“

Ganzheitliche Selbstführung bedeutet, unsere unterschiedlichen Identitätsbereiche immer wieder anzusehen und kritisch-würdigend zu prüfen, ob die aktuelle Gestaltung der Lebensbereiche dem entspricht, wie ich mein Leben möchte bzw. wo ich ansetzen könnte, um etwas zu verändern.

Das Kreismodell „ICH in Balance" beinhaltet alle 4 Bereiche der Identität:

- **Arbeit, Leistung und Materielles**
  beinhaltet Erfolg, Arbeitsleistungen und Freude an der eigenen Leistung, Arbeits(un-) zufriedenheit Arbeitsüberlastung, überfordernde sowie erfüllte oder fehlende Leistungsansprüche, Einkommen, Geld, Materielles wie Nahrung, Kleidung, Lebensbedarf; die Dingen, die jemand besitzt, seine Wohnung oder Haus,...

- **Körper, Gesundheit und Fitness**
  meint Ernährung, Entspannung, Fitness und Kondition, Beweglichkeit, Wohlbefinden, Belastbarkeit, Psyche, Gefühle, Sehnsüchte, medizinische Gesundheit, Psyche, Sexualität, Ausstrahlung,...

- **Kontakt und soziale Beziehungen**
  bedeutet soziales Netzwerk, Freunde, Familie, Kollegen, Beziehungen, Ehe/Partnerschaft, Kinder Vereinszugehörigkeit, Sparverein, gemeinsame Freizeitgestaltung mit Bekannten,...

- **Sinn, Werte und persönliche Entwicklung**
  meint Moral, Ethik, Religion, Spiritualität, Traditionen, Glauben, Sinnfragen; das, was jemand für richtig hält, von dem er überzeugt ist, wofür er eintritt und von dem er glaubt, dass es auch für andere Menschen wichtig sei; religiöse oder politische Überzeugungen, die "persönliche Lebensphilosophie", wichtige Grundprinzipien,...

Das Kreismodell beinhaltet auch den Faktor **Zeit und Aufmerksamkeit** für den Bereich - in der folgenden Abbildung sind die nunmehr 4 Bereiche in vier Quadranten geteilt. Das bedeutet nicht, dass Balance nur dann vorhanden ein kann, wenn diese vier Teile gleich groß sind. Bei den wenigsten Menschen wir dieser „Kuchen" so aufgeteilt sein. Bedeutsam sind allerdings das intuitive Einteilen des „Zeitkuchens" und das Sichtbarmachen der Verteilung. Erst dann kann man differenziert wahrnehmen, ob die Aufteilung in dieser Weise stimmig ist oder nicht.

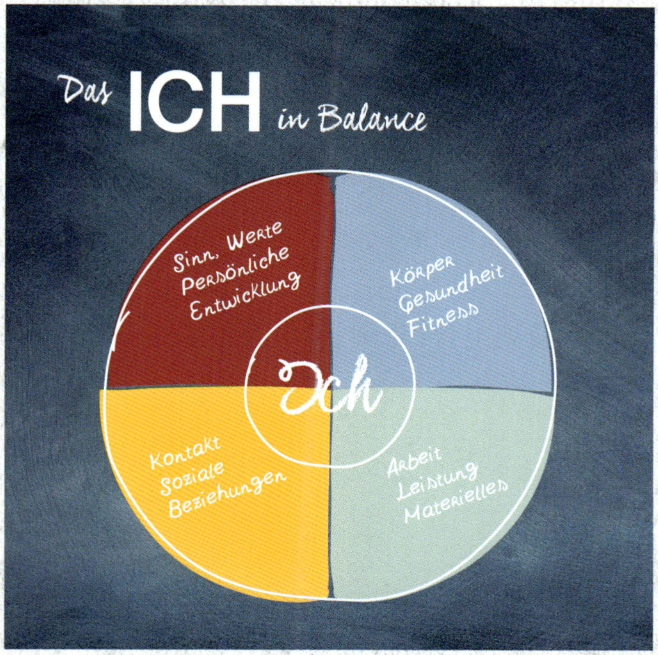

Abb. Flipchart Das Ich in Balance

Vorgehen:

1. Zeichen Sie einen Kreis auf ein Blatt Papier (A4 oder A3)
2. Teilen Sie in den Kreis intuitiv 4 Felder ein, die von ihrer Größe her dem IST Stand ihres Lebens entsprechen (wie viel Zeit, Energie, Aufmerksamkeit habe ich für dieses Feld aktuell in meinem Leben)
3. Schreiben Sie in die einzelnen Felder Stichworte oder zeichnen Sie Symbole, die für die einzelnen Personen, Aktivitäten, etc. stehen, die in diesem Feld stattfinden (Sie können dabei immer wieder Bezug auf die oben stehenden Stichworte nehmen)
4. Markieren Sie mit einer Farbe die Aspekte, die Ihnen besonders viel Kraft geben bzw. die Sie aktuell sehr positiv empfinden und mit einer anderen Farbe diejenigen, die Sie eher schwierig oder belastend empfinden.
5. Schließen Sie nun die Augen und machen eine kleine „Zeitreise": Stellen Sie sich vor, Sie sind 10 Jahre älter als jetzt (oder alternativ dazu, 80 Jahre alt) und blicken zurück auf ein erfülltes, zufriedenstellendes Leben. Sie sind stolz und zufrieden, dass Sie Ihr Leben (in den letzten 10 Jahren/bis zu Ihrem 80. Lebensjahr) so gelebt haben wie Sie es getan haben. Lassen Sie sich Zeit bei dieser Vorstellung und gehen Sie im Geiste durch, was Ihnen wichtig und bedeutsam „war" in diesen Jahren.

6. Öffnen Sie die Augen und schreiben/zeichnen außerhalb des Kreises die Dinge, die Ihnen in der Phantasiereise eingefallen sind. Schreiben Sie dabei alles, was z. B. zum Bereich „soziale Beziehungen" gehört auch außerhalb dieses Bereichs usw.
7. Wenn Sie fertig sind, machen Sie einen Blick auf das ganze Bild, lassen es wirken, und danach auf die aktuelle Situation. Markieren Sie ein paar wenige Dinge, die Sie ganz konkret im kommenden Jahr verändern oder verstärken möchten, um auf einem guten Weg in Richtung ihrer persönlichen Lebensvision zu sein.

Sie können konkrete Ziele und Maßnahmen ableiten oder intuitiv ein/zwei Aktivitäten auswählen - das Vorgehen dazu ist sehr individuell und persönlichkeitsabhängig. Bewahren Sie Ihr persönliches Blatt an einem Ort auf, an dem Sie es immer wieder sehen, vielleicht ganz zufällig.

Wichtig: Sie brauchen nicht alles sofort umzusetzen, wichtig ist, dass Sie immer wieder an Ihre Vision erinnert werden.

Wiederholen Sie diese Übung nach ca. einem Jahr und überprüfen Sie, was sich bereits getan hat und wo Sie weiterhin dranbleiben möchten.